高等院校艺术设计类系列教材

家具造型设计

周峰◎编著

清华大学出版社

北 京

内 容 简 介

本书共分 10 章，分别介绍家具设计的概念及任务、家具设计的风格和特点、家具设计分析、家具造型形态类型分析、家具设计的方法和程序、儿童家具设计、座类家具设计、桌类家具设计、床类家具设计以及收纳类家具设计。

本书理论联系实际，内容由浅入深，例证丰富，涉及面广，可读性强，适合高等艺术院校教师、研究生、本科生及爱好设计的非专业人士阅读。

图书在版编目（CIP）数据

家具造型设计/周峰编著. —北京：清华大学出版社，2023.2
高等院校艺术设计类系列教材
ISBN 978-7-302-62285-7

Ⅰ.①家… Ⅱ.①周… Ⅲ.①家具—造型设计—高等学校—教材 Ⅳ.①TS664.01

中国版本图书馆CIP数据核字(2022)第254188号

责任编辑：魏　莹
封面设计：李　坤
责任校对：周剑云
责任印制：刘海龙
出版发行：清华大学出版社
　　　　网　　址：http：//www.tup.com.cn，http：//www.wqbook.com
　　　　地　　址：北京清华大学学研大厦A座　　　　邮　　编：100084
　　　　社 总 机：010-83470000　　　　邮　　购：010-62786544
　　　　投稿与读者服务：010-62776969，c-service@tup.tsinghua.edu.cn
　　　　质量反馈：010-62772015，zhiliang@tup.tsinghua.edu.cn
　　　　课件下载：http：//www.tup.com.cn，010-62791865
印 装 者：三河市铭诚印务有限公司
经　　销：全国新华书店
开　　本：190mm×260mm　　　　印　　张：11　　　　字　　数：263千字
版　　次：2023年2月第1版　　　　印　　次：2023年2月第1次印刷
定　　价：59.00元

产品编号：095031-01

Preface 前 言

中华文化源远流长，从工具生产到器皿制作再到家具的生产，物质与精神，实用与鉴赏，其间的融通与升华妙不可言，都是工匠完美追求的产物。随着国家经济供给侧改革和消费转型的变化发展，社会对于"工匠精神"的呼声越来越高，而在家具设计中必不可少的精神就是"工匠精神"，随着我国"大国工匠"人才的不断涌现，两者相辅相成、不可分割。目前，我国已成为世界家具生产基地和制造大国，同时家具行业也成为我国的重要产业之一。企业急需大批家具设计方面的优秀人才，而优秀人才的培养急需内容新颖、全面系统的专业理论知识和实践指导。

本书在编写时顺应时代发展需要，突破传统编写思路，系统地介绍家具设计与制造所必需的知识，并收集了不同时期家具设计的经典图片，将家具的历史性、延展性以及流派和风格特征等明晰地表达出来。本书从艺术素质教育的要求出发，注重基本理论和最新实例的阐述，并注重艺术概论理论体系的建立。

本书共分为10章，具体内容如下。

第1章为家具设计概论，分别介绍家具设计的概念及任务，对家具的分类进行了系统性的说明，最后对家具设计的范畴以及家具与生活的关系进行了概括。

第2章为家具设计的风格和特点，分别对中国和国外的家具式样进行了回顾和总结，并据此总结出现代家具设计的风格式样。

第3章为家具设计分析，分别从家具的形态设计、色彩设计和家具的质感等角度介绍家具造型的设计。

第4章家具造型形态类型分析，着重分析家具造型、使用，以及人与自然的关系，从家具造型的美出发，详细介绍家具造型形态类型。

第5章为家具设计的方法和程序，主要介绍如何设计家具和家具设计的程序和内容。

第6章为儿童家具设计，主要分析儿童生理和心理特征，介绍儿童家具设计原则，最后对经典儿童家具进行了分析和比较。

第7章为座类家具设计，主要从沙发设计和办公椅设计进行分析总结。

第8章为桌类家具设计，主要从写字桌设计和茶几设计进行分析总结。

第9章为床类家具设计，主要从单层床设计和双层床设计进行分析总结。

第10章为收纳类家具设计，主要从柜类家具设计和架类家具设计进行分析总结。

本书内容深入浅出，例证丰富，涉及面广，可读性强，具有较强的学术性、理论性和实践性，适合高等艺术院校的教师、研究生、本科生及爱好设计的非专业人士阅读。

本书由河北工业大学建筑与艺术设计学院的周峰老师编写。由于时间仓促以及作者水平有限，书中难免存在疏漏之处，欢迎广大读者和同仁批评指正。

编　者

Contents 目录

第1章

家具设计概论

家具是改善居住环境和提升生活质量的重要条件和手段；家具产业是永不落幕的朝阳产业，是国民经济新的增长点。家具可以传播时尚，促进消费。从事家具设计需要了解家具的概念，理解家具设计的意义并具有高度的社会责任感，全身心投入才能取得新的成就。设计一把椅子和设计一辆车具有同样的意义。

1.1 家具设计的概念及任务

1.1.1 家具设计的概念

从传统上讲，家具（Furniture）一般指人们日常生活中使用的床、桌、椅、台、橱柜、屏风等能起支撑、储藏及分隔作用的器具。然而，随着社会的进步和人类的发展，现代的家具几乎涵盖了所有的环境产品、城市设施、家庭空间、公共空间和工业产品。家具的材料从木制发展到金属、塑料、玻璃，甚至生态材料，它的设计和制造都是为了满足人们不断变化的需求，以创造更美好、更舒适、更健康的环境。从广义上讲，家具是指人类维持正常生活、从事生产实践和开展社会活动必不可少的一类器具。

随着人类物质文明的发展，关于"家具"的概念、范畴、分类、结构、材料等都在不断变化。"家庭用器具"的含义在不断丰富。在原始社会时期，洞穴中的一块大石头经过敲击、打磨可能就兼备着寝具、桌具、座具的作用，甚至是氏族会议时的"议事桌"及祭祀时的"供桌"。

进入封建礼教社会，家具除去基本的功能作用，其造型和材料也在不断地丰富，社会含义更加多样化、细致化，如作为礼器服务于王宫与各级官邸之中，或作为法器摆设于庙堂之上。可以说，人类社会活动的丰富推动着家具功用性、装饰性的发展，并形成了不同时期、不同地域的家具文化传统。时至今日，家具更是无处不在，制造技术的更新、工艺材料的丰富、设计理念的融汇，各种家具为迎合生活中的不同使用需求而产生，以各自独特的功能服务于现代生活的各个方面——起居工作、教育科研、社交娱乐、休闲旅游等活动中，也由原来单一的家具类型发展到与使用空间功能特性密切结合的各类系统化、风格化家具，如宾馆家具、商业家具、办公家具、餐吧家具、古典家具、现代家具、新古典家具以及民用家具中的起居家具、厨房家具、儿童家具等。总之，它们都是以不同的功能特性、不同的装饰语义，来满足不同使用群体的心理和生理需求。

家具设计（Furniture Design）是为了满足人们使用、心理及视觉的需求，在生产制造前所进行的创造性的构思与规划，并通过图纸、模型或样品表达出来的全部过程。简单地说，家具设计就是对家具进行预先构思、规划和绘制。其中最具有明显特征的就是禅意家具组合，其设计特点符合人们对于家具视觉、心理学的需要。禅意家具组合如图 1-1 所示。

图1-1　禅意家具组合

1.1.2 家具设计的任务

家具是科学与艺术的结合，是物质与精神的结合。家具设计的任务正是以家具为载体，为人类创造更美好、更舒适、更健康的生活、工作、娱乐和休闲等物质条件，并在此基础上满足人们的精神需求。所以，家具设计可以看作是一种生活方式的设计。

家具设计主要包含三个方面的内容：一是使用功能设计；二是外观造型设计；三是结构工艺设计。

1. 家具的使用功能设计

1）家具的比例

家具的比例包括家具整体外形尺寸关系，整体与零部件、零部件与零部件之间的关系。

2）家具的尺度

家具的尺度是指家具整体绝对尺寸的大小，家具整体与零部件、家具与家具上摆放的物品、家具与室内环境对比所得到的对比尺度。家具的使用功能设计的主要表达方式是方案设计图。

2. 家具的外观造型设计

1）家具的外形

家具外形决定人的感受，各种不同的形状、规格等都是家具的外在形态，它们组合成了家具的外在效果。

2）家具的色彩

家具色彩的选择不仅要考虑家具自身的色彩搭配，还要考虑家具所处的室内环境、使用的对象等因素，用色彩来丰富造型、突出功能、烘托气氛。

3）家具的构图

应用形式美法则，来突出家具主体的形象。

家具的外观造型设计的主要表达方式是透视效果图及产品模型。最简单明了的例子就是长案的设计风格，长案直观、简约的风格，能使人一目了然。长案如图1-2所示。

图1-2　长案

3. 家具的结构工艺设计

1）家具材料的选用

在满足功能、造型的基础上进行结构分析，选定材料。

2）家具构造方式的选择

确定合理的接合方式。

3）家具零部件的确定

家具结构工艺设计的主要表达方式是装配图、部件图、零件图和大样图。家具局部构成组件如图 1-3 所示。

图1-3　家具局部构成组件

1.2　家具的分类

1.2.1　按照基本功能分类

（1）支承类家具：直接支承人体的家具，如床、椅、凳、沙发等。支承类家具如图 1-4 所示。

图1-4　支承类家具

（2）凭倚类家具：与人体直接接触、供人凭倚或伏案工作的家具，如桌、台、茶几等。

凭倚类家具如图 1-5 所示。

（3）储藏类家具：储藏或陈放物品的家具，如橱、柜、箱等。储藏类家具如图 1-6 所示。

图1-5　凭倚类家具

图1-6　储藏类家具

1.2.2　按照基本形式分类

（1）椅凳类家具：如各类椅子（扶手椅、靠背椅、旋转椅、折叠椅等）、凳子、沙发等，如图 1-7 所示。

图1-7　椅凳类家具

（2）桌案类家具：如会议桌、写字桌、茶几等，如图 1-8 所示。

图1-8　桌案类家具

（3）橱柜类家具：如衣柜、橱柜、书柜、电视柜、床头柜、餐具柜、鞋柜等，如图1-9所示。

图1-9　橱柜类家具

（4）床榻类家具：如双人床、单人床、儿童床、高低床、睡榻等，如图1-10所示。

图1-10　床榻类家具

（5）其他类家具：如屏风、挂衣架、花架等，如图 1-11 所示。

图1-11　其他类家具

1.2.3　按照使用材料分类

（1）木质家具：如实木家具、板式家具、曲木家具等，如图 1-12 所示。

（2）金属家具：如钢质家具、铝合金家具、铸铁家具等，如图 1-13 所示。

图1-12　木质家具　　　　　　　　　　**图1-13　金属家具**

（3）塑料家具：主要用塑料加工而成的家具，如图 1-14 所示。

（4）竹藤家具：主要用竹材或藤材制成的家具，如图 1-15 所示。

图1-14　塑料家具　　　　　　　　　　　　图1-15　竹藤家具

（5）玻璃家具：以玻璃为主要构件的家具，如图 1-16 所示。

图1-16　玻璃家具

（6）石材家具：以各类天然石材或人造石材为主要构件的家具，如图 1-17 所示。

（7）其他材料家具：如软体家具、陶瓷家具、纸质家具等，如图 1-18 ～图 1-20 所示。

图1-17　石材家具

图1-18　软体家具

图1-19　陶瓷家具

图1-20　纸质家具

1.3　家具设计的范畴与关系

1.3.1　家具设计的范畴

现代家具设计是一门新兴的边缘学科，它不是单纯的造型艺术，而是涉及技术美学、自然科学、社会科学等多个领域，是现代科学技术与艺术融合的体现。同时，它还关系到经济领域，设计得成功与否直接影响到家具企业的经济效益与前途命运。因此，对于家具设计师来说，他不是单纯地从事家具的造型设计，而是以自己的工作来协调美学、工艺材料学、人体工程学、伦理学、经济学等。就像美国家具设计集团米勒公司的设计师 G. 罗德所主张的那样，家具产品设计的整体性，应由产品所含的社会价值来决定，设计必须与实用功能、经济法则和现代技术有机地联系起来，通过设计来改变人类的生活环境。

1.3.2 家具与社会生活的关系

家具与人的举止相触、肌肤相接，也与日常生活、工作学习、娱乐活动等关系密切。随着现代社会经济的飞速发展，人们的生活水平不断提高和日益丰富多彩，消费伦理观、价值观、美学观不断演变，促使家具在功能、结构、造型等方面进行变革与突破。新的设计概念的形成，新材料、新工艺、新技术的出现，带来了家具新的面貌，从而创造了新的生活条件与生活环境，并进一步改善与提高了个人生活与社会生活的质量。

可见，家具是基于人类生活的需要而产生，并随着社会文明的进步而发展的。

1.3.3 家具与人的关系

家具设计的中心任务是，最大限度地满足人的需求——既满足人的基本生理需求，也满足人的心理需求和审美需求。

一间摆放有沙发与组合柜的起居室，不仅起到满足基本的使用功能的作用，而且由此而组成了一个生活、休息、起居的环境，体现了家居的格调，传达了主人的精神面貌与身份地位的精神要素。历史上曾有过统治者把雕龙刻凤、体量硕大的扶手椅视为权力的象征。可见，家具也起着改善和美化人类生活环境、陶冶人们文化修养与审美情操的精神作用。

1.3.4 家具与现代生产的关系

在现代经济与科学技术飞速发展的时代，家具制造业也步入了高科技的生产工艺行列，以往作坊式的手工加工手段以及多雕琢、多装饰线的木家具已不能满足时代的需求，也不适合现代化批量生产的工艺流程。因此，家具必须通过进行功能、结构、材料、造型等多方面的整体设计，来适应现代化的生产工艺条件，以最少的人力、物力、财力，获得最大的经济效益与社会效益。

案例与课后习题

【案例】

格里特·托马斯·里特维尔德（Gerrit Thomas Rietveld）是荷兰著名的建筑与工业设计大师，也是荷兰风格派的重要代表人物之一。红蓝椅子是荷兰风格派最著名的代表性作品，它的整体是实木结构的，13根木条相互垂直，组成了红蓝椅子的空间结构，用螺丝紧固，形成我们现在看到的红蓝椅子的样式。

红蓝椅子的设计最早受到《风格》杂志的影响，它在1917—1918年是没有颜色的，真正有颜色的红蓝椅子在1923年才与世人见面。里特维尔德通过使用单纯明亮的色彩来强化椅子结构，使其结构样式完全展露在世人面前，让人感受到椅子天然淳朴的美感。

红蓝椅子代表着一种家具风格的设计，它对整个家具产品和家具行业有着深刻的影响。

里特维尔德曾说："结构是服务构件间的协调的，这样才能充分保障各个构件间的独立性与完整性。"红蓝椅子正是采用这种理念，所以才能以自由和清新的形象置于空间之中，形式从抽象中全然显现出来，有着十分合理的艺术联系。

红蓝椅子作为风格派的代表作，它若色的灵感来自蒙德里安的作品《红黄蓝的构图》，如图 1-21 所示，红蓝椅子成为该作品的立体化演绎，《红黄蓝的构图》也成为永远不会过时的经典样式。

图1-21　蒙德里安的作品《红黄蓝的构图》

【课后习题】

1. 简述家具设计的概念和任务。
2. 家具设计的学科范畴是怎么定义的？
3. 家具色彩对于家具设计有什么作用？

第2章

家具设计的风格和特点

自从人类社会出现家具以来，其发展便再也没有停止过，家具是人类劳动与智慧的结晶。读史使人明智，探寻家具发展的轨迹，可以让设计师从历史的高度来俯视家具世界，更加完整地认识家具、理解家具，更加清晰地明辨家具发展的方向，更加科学地帮助自己在创作过程中进行合理的定位。

2.1　中国历代家具的式样

中国上下五千年的传统，秉承其独特的哲学观念和造型表现，在整个家具史上独树一帜，建立起一种与西方世界迥异的典型家具式样。从整体上来说，始终保持着一贯的风格，但在不同的时代，亦出现了丰富的演变。商周至三国时期是席地跪坐的低型家具时期。两晋、南北朝至隋、唐、五代是中国家具由低型结构向高型结构发展的转变时期，约在晚唐至五代则是高型家具初具规模的时期。至宋、辽、金、元，垂足而坐的生活已成为社会的普遍方式，这种生活方式向居住环境的纵深扩展，这个时期是高型家具的发展期。至明、清时期，随着工业的发展，高型家具进入鼎盛时期。

2.1.1　商、周至三国时期的家具（公元前17世纪至公元280年）

商周时期是文化相当发达的奴隶制社会。从青铜文化中反映出家具已在人们生活中占有一定地位，从现存的青铜器中我们看到一种在祭祀时摆放屠宰牛羊的器具"俎"，置放酒器的"禁"及一种中部有箅子的炊具——铜甗。从甲骨文字中推测当时室内铺席，人们跪坐于席上，家具有床、案、"俎"和"禁"等，如图2-1所示。

图2-1　商周时期家具

春秋战国时期是从奴隶制社会转向封建社会的一个重要时期。生产力的提高不断地推动手工业的发展，这个时期的揉漆工艺已达到相当高的水平，其中反映在楚家具中尤为突出，在河南信阳楚墓和湖北、湖南战国墓葬中都曾出土过大量的精致漆木家具，种类有案、俎、木几、木床等。装饰手法有彩绘、浮雕和阴刻，其中以彩绘为主，漆色以黑、红为主，通常以黑漆为底，红漆或彩漆绘图案纹样。有些家具往往彩绘、浮雕和阴刻同时使用，以达到富丽堂皇的效果。

西汉经济繁荣，对人们的生活产生了巨大影响。在低型家具大发展的条件下出现坐榻、坐凳与框架式柜等一些新的类型。几案合而为一，面板逐渐加宽，既能置放物品，又可供凭倚使用。床、榻用途扩大，出现了有围屏的榻，有的床前设几案，供日常起居与接见宾客，床的后面和侧面多设有屏风。床上有帐，几案可置于床上，体现了当时以床为中心的生活方式。同时逐渐出现了形似柜橱带矮足门向上开启的箱子，形式相当完备，被视为垂足而坐出现前的中国家具的代表，而且其中有些样式为后世所沿袭，产生的影响亦较深远。汉代家具有坐卧家具、置物家具、储藏家具与屏蔽家具等几类。

2.1.2　两晋至五代时期的家具（公元265—960年）

两晋、南北朝至隋、唐、五代（公元 3—10 世纪）是中国家具由低型向高型发展的转变时期，虽然席坐的习惯仍然未改，但传统低型家具由矮向高发展，品种不断增加，结构也更趋于丰富完善，床已增高，上部加床顶、设顶帐抑尘，周边围置可拆卸的矮屏。

起居用的床榻加高加大，下边的壶门作装饰，可以坐在床上，也可垂足于床边。床上出现了置于身侧腋下可倚靠的长凭几、隐囊（软靠垫）和弯曲的凭几，以适应贵族阶层随心所欲的平坐、侧身式向后侧倚的生活方式。壶门装饰，是附于结构件上的装饰线，形成高型家具腿部的轮廓线，成为后世各式嵌板开光和牙条装饰的范例。

两晋、南北朝是中国历史上进入各民族大融合的一个新时期，西北民族进入中原地区以后，东汉末年传入的胡床逐渐普及民间，各种形式的高座具椅子、筌蹄（一种用藤竹或草编织的细腰坐具）、方凳、圆凳等相继出现，这些家具对当时人们的起居习惯与室内空间处理产生了一定影响，为以后逐步废止席地而坐打下了基础，如图2-2所示。

图2-2　顾恺之《洛神赋图》宋摹本局部坐榻

隶、唐、五代时期是中国封建社会前期发展的高峰,其经济发展、社会财力雄厚,营造了许多华美宅第和园林。生活上席地而坐与使用床榻的习惯仍然存在,但垂足而坐的生活方式从上层阶级逐步普及全国。建筑技术的日趋成熟,推动了家具形式的变革和类型的进一步发展。1959年河南安阳隋代张盛墓出土了一批陶器家具模型,有案、几、凭几、凳、椅、箱等,反映了当时家具的一般面貌,特别是凳、椅的发现,显示了人们生活起居方式发生了新的变化。

唐朝统治达三百多年,又经"贞观""开元"之治,为了与统治阶级积极创业、励精图治的要求相适应,一种奋发向上、刚健有力的审美理想波及文化、艺术各个领域,家具也受这一思潮的影响而向前发展,从敦煌壁画、唐人所作的《宫乐图》以及卢楞伽的《六尊者像》中精美的家具造型设计,都可以反映出崇尚华丽的盛唐风格。卢楞伽的《六尊者像》素描版,如图2-3所示。

图2-3　卢楞伽的《六尊者像》素描版

晚唐至五代,是高型家具初具规模的阶段,中国建筑木构架的结构形式已为家具所吸收采用,家具结构因而趋于合理与简化,从五代卫贤的《高士图》、王齐翰的《勘书图》等作品中的桌、椅可看到框架式结构形式。顾闳中的《韩熙载夜宴图》再现了当时的家具造型,造型有绣墩、靠背椅、桌、榻等,靠背椅为四面平脚式,已无壶门,腿间有拉档连接,从造型的总倾向来看,是效仿大木作的结构形式。室内陈设布置也有所变化,不同家具的具体功能区别日趋明显,从而使家具的陈设方式,由不固定转向固定的陈设格局。五代王齐翰的《勘书图》中的三折大屏风附有木座,置于室内后部中央,成为人们起居活动和家具布置的背景,使室内空间处理和各种装饰开始发生变化,与席地而坐的生活方式已迥然不同。

2.1.3　宋、辽、金、元时期的家具（公元960—1368年）

宋、辽、金、元时期是中国高型家具大发展的时期，垂足而坐的生活方式已成为社会的普遍方式，并向居住环境的纵深扩展，结束了历时千年的矮型家具。

两宋时期，手工业分工细密，工艺技术和生产工具比以前先进，使家具得到了迅速发展，垂足而坐的家具在北宋初期至中期基本定型，坐卧用家具已在室内较多使用，一人独居、一桌一椅比较流行。北宋中后期桌椅更加广泛使用。

城市商业建筑中的饭馆、酒店大量采用长凳加桌椅或一桌一椅，家具位置渐趋固定，专为私塾制作的童椅、童桌已经普及。到了南宋后期，家具有了更大的发展，民间日用家具比北宋时增多。宋榻《槐荫消夏图》作为南宋时期的著名的画作，形象地展示了民间日常家具繁多的情景，如图2-4所示。

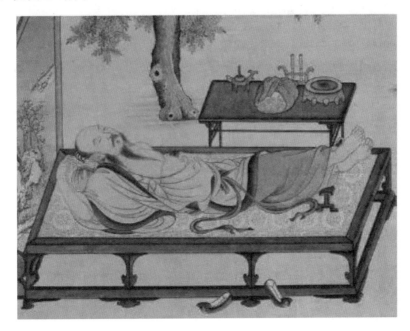

图2-4　《槐荫消夏图》

辽、金的家具基本上与宋相似，辽代家具例证有内蒙古解放营子墓出土的木椅、木桌、木床等。金代家具有山西大同阎德墓出土的扶手椅、供桌、炕桌、花几、童床等。

元代家具比宋代发展得慢，在类型上没有什么变化，多是在局部的构成上有所改变，表现在桌、案侧面开始有牙条安装，桌面缩入的桌、案相当流行，高束腰型家具使用罗锅撑、霸王撑，罗汉床有了进一步发展，层屉加多。这些结构特征除缩面桌、案式样被后世淘汰外，到明代更为发展。

1103年《营造法式》刊印颁发，总结了中国古代建筑以木构架为主的结构方式，影响了家具的造型和结构，出现了一些突出的变化，首先是梁柱式的框架结构，代替了隋唐时期沿用的箱形壶门结构。其次是大量应用装饰性线脚，丰富了家具的造型，如在桌面下用束腰及枭混曲线，桌椅的腿部断面除了原有的方、圆形外，往往做成马蹄形，这些造型结构特征为后来明、清家具的进一步发展打下了基础。

北宋黄伯思写了一本《燕几图》，介绍了桌的组合形式，以三种规格七张长方形桌为单元，可组合成 25 件 76 种布局的组合桌，如图 2-5 所示。

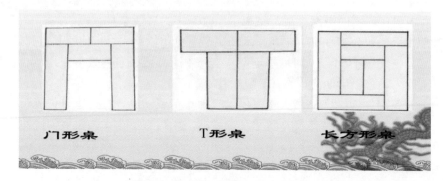

门形桌　　　　T形桌　　　　长方形桌

图2-5　北宋《燕几图》组合桌平面

综观宋至元时期家具的发展，可以看出有两大特点。一是较多的画卷、壁画、文献及少数出土文物表明，一大批新的家具不断出现，使室内陈设范围扩大，家具配套的概念应时而生，家具布置也有了一定格局，大体上有对称和不对称两种方式。一般厅堂用对称式，在屏风前正中置椅，两侧各有四椅相对，或在屏风前置一圆凳，供宾主对坐。书房、卧室采用对称方式，对于宴会等大型室内家具布置也出现了若干变体。这一切，都标志着家具形制已逐渐走向完善。二是继续完善技术结构与艺术处理的结合，主要表现在前期具有一定技术含义的三种家具构成方式上。表现于案形构成的，为沿用多年的习惯做法，采用厚板材作立腿，较薄板材作下面腿端以及其他部位连接横材，十分重视榫接部位的细节处理，使立面轮廓得到合理的连接，是壶门曲线浓缩的一种变异；表现于座形构成的，是基于构成体刚性和稳定性前提下，把束腰台座的立板换成立柱嵌板，壶门被当作嵌板开光的空灵装饰；着眼于辅助构件的改善，使其有助于构架刚性和稳定性的加强，并求得审美心理对结构线条的视觉补偿。两种特点在长时间的发展过程中，通过持续地适应性调整，在互补中形成更完善的框架结构体系。

2.1.4　明代时期的家具（1368—1644年）

明代社会稳定，经济发展，家具类型和样式除满足生活起居的需要外，也和建筑有了更紧密的联系，一般厅堂、卧室、书斋等都相应地有几种常用家具配置，出现了成套家具的概念。许多文人雅士也摆脱了以往"百工、六艺之人，君子不齿"的旧思想的羁绊，参与到家具造型、工艺的研究，并著书立论。明朝万历年间常熟人戈汕写了《蝶几谱》，书中介绍了组合桌的设计，以形似蝶的直角等边三角形、直角梯形、等腰梯形平面为单元，可组合成 8 类 150 种各种形状和不同尺寸的组合桌及几案。

明代后期，家具已商品化，各种家具门类众多，可分为五大类型：墩、凳、椅类；桌、几、案类；箱柜类；床榻类；台架、屏座类。

明代对外贸易发达，东南亚各国出产的优质木材花梨、紫檀、红木、杞梓、楠木等输入中国，这些木材质地坚硬，强度高，纹理优美，色泽高雅，因而在制作家具时，可采用较小的构件断面，制作精密的榫卯，又可进行细微的雕饰与线脚加工，在这个前提下，加上发达的工艺技术、先进的工具、手工艺的进步，使明代家具在造型艺术上不断创新。

明代家具具有很明显的特点：一是由结构而产生的样式，二是因配合肢体而衍出的权衡。式样构成有两种体系，一种是有束腰带马蹄系，即台座式构成。马蹄这一名称起于明初，是工匠用大块木料削减而成，形状有里翻马蹄和外翻马蹄两种，如图2-6所示。另一种是无束腰直腿系，即梁柱框架构成。这两种体系吸收了中国古建筑大木构架的基本样式，以及唐宋家具传统框架结构的特点，结合家具的功能要求，合理地运用侧脚、支撑、牙子、卷口，表现边缘断面的轮廓线、攒边镶板以及各种榫卯的连接，使家具在满足功能要求的同时把形与美统一起来。

图2-6　明代马蹄台

明代家具种类繁多，千变万化，归结起来，它始终维持着一贯的格调，那就是美观简洁的造型、适用合度的功能。在美观简洁的造型之中，它具有"雅"的韵味，这种韵味表现在：一是用材合理，既发挥了材料性能，又充分利用和表现材料本身，色泽与纹理的美观达到结构和造型的统一，表现出外形轮廓的舒畅与优美；二是框架式的结构方法符合力学原理，各部雄劲而流利的线条形成了优美的立体轮廓，更加上它顾全到人体形态的环境，为得到适用的功能，而做成适宜的比例和曲度；三是雕饰多集中于一些辅助构件，在不影响坚固的条件下，取得重点装饰的效果。因此，每件家具都表现得体形稳重、比例适度、线条利落，且有端正活泼的特点。

2.1.5　清代时期的家具（1645—1911年）

清代家具继承和发扬了明代家具的传统，并在此基础上形成了自己的风格，围绕着太师椅所设计的一系列家具，代表了清代家具的风格特点。因为太师椅的产生和发展，具有普遍的时代意义，从结构方法、装饰技巧，到造型风格所追求的气势、体量，都有其独到之处。太师椅外形尺寸大于一般椅子，腿部断面为方形或类似方形，有束腰，分上下两部分，下部是一个独立的凳子，上面则安装垂直于椅面屏风式的靠背和扶手，靠背采用木雕嵌云石，扶手则施雕、描绘、嵌螺钿，精美而富丽，具有陈列观赏的价值，所以广泛流行于宫廷、王府与民间。太师椅如图2-7所示。

图2-7　清家具"大美腿"的经典造型：鼓腿膨牙

清代家具式样有以下三个特点。

一是构件断面大，整体造型稳重，有富丽堂皇、气势雄伟之感，与当时的民族特点、政治色彩、生活习俗、室内装饰和时代精神相呼应。其体量关系与气势同宫廷、府第、官邸的环境气氛相吻合。

二是雕工繁复细腻，装饰手法多样。应用在家具制作方面的有木雕、漆饰、镶嵌等三大类。木雕是清代家具应用较广泛的装饰手段，做法有线雕、浮雕、透雕、立体雕等。

漆饰家具有雕漆、漆绘、百宝嵌三种做法。镶嵌是用一种或多种材料，对家具表面进行嵌饰。用于镶嵌的材料有十几种，如木嵌、竹嵌、骨嵌、牙嵌、玉嵌、瓷嵌、螺钿嵌等。清代家具装饰是综合多种类型手段进行加工的，有时一件家具既有雕刻，又有镶嵌，且表现手法多样，因而形成富丽堂皇的风格特点。

三是成套组合，与建筑的室内装饰融为一体。清代家具的类型和样式除了满足生活起居的需要外，与建筑、室内装饰也有了更密切的联系，宫廷和府第常常在建造房屋时就根据进深、开间的大小及使用要求，考虑家具的样式、类型来进行配置。一般厅堂、卧室、书斋等室内都相应地有了常用的配套家具。

家具布置大都采用成组的对称方式，而以临窗迎门的桌案和前后檐炕为布局的中心，配以成组的几种椅，有一几二椅或二几四椅。

柜、橱、书架等也是成对地对称布置摆放，也有的利用做书架或多宝格（多宝架）进行大房间布局的分隔和隔断。有的一连几间横置多宝格，在正中或是一旁开设方形、圆形、瓶形等门洞，书架则体现出整齐划一，无过多装饰的特点。这是一种与建筑相结合的固定家具。

2.1.6　民国时期的家具（1911—1949年）

民国时期家具样式的演变，可分为三种类型：中国传统类型、中西结合类型和现代样式类型。

中国传统家具的制作历史悠久，工艺精湛，深受各阶层人士的喜爱。民国初期仍以制作传统家具为主，除了国内需求外，还远销日本、东南亚和欧美国家。

中西结合类家具大约出现在 19 世纪 20 年代。1902 年顺天府尹陈壁创办农工商部工艺局，提倡改良旧法和仿照西洋家具，并推广到全国，同时也把生产技术引入中国。在形式上，采用机器生产的旋木柱，带有对称曲线雕饰的遮檐装饰的橱柜，涡卷纹和平齿凹槽立柱的床和桌椅，用拱圆线脚、螺纹及蛋形纹样装饰的家具相继出现。家具样式都是仿西方 18 世纪及 19 世纪初的古典家具。

1919 年德国包豪斯工艺学校成立，成为现代家具的发祥地，并影响到中国，一些文人开始自设工厂，改革家具结构，设计出具有民族特色的流线型家具，金属家具开始普及，之后胶合板逐渐用于家具生产，使家具造型新颖美观，线条清晰流畅。在功能使用上出现木床、床头柜、五斗柜、大衣柜、梳妆台、穿衣镜等，并逐渐向套装发展。

2.2 外国历代家具的式样

外国古典家具可分为三个历史阶段：奴隶社会时期的古代家具、封建社会时期的中世纪家具以及文艺复兴时期的近世纪家具。

2.2.1 古代家具

在世界文化史上，公元前 6—7 世纪期间，古希腊的设计风格与埃及和波斯等古老王朝极为接近。然而，自从著名的帕特农神庙（Parthenon Temple）在公元前 447 到公元前 438 年建成后，欧洲文明终于摆脱东方和东地中海文明的羁绊，古希腊和罗马文化接踵而起，并进而演变成为西洋文化的主流，为设计历史建立起极富影响力的古典风格，并进一步成为西洋传统风格的基本根源。

1. 古埃及家具（约公元前15世纪）

古埃及以农耕为主，尼罗河水边生长着枣椰树、马樱树及纸草莲花。河谷周围山里可以采到石料，在埃及和红海之间的沙漠里产铜和金。埃及人利用这些材料制成劳动工具和家具，现在保存下来的家具有凳、椅、桌、床、台、箱等，每一类型品种齐全，造型多样，椅、床的腿常雕成兽腿、牛蹄、狮爪、鸭嘴等形式，也有的帝王宝座的两边雕刻狮、鹰、眼镜蛇的形象，形式威严而庄重。靠背用窄薄板镶框，略呈斜曲状，座面多采用薄木板、绷皮革、编革或缠亚麻绳等。材料除木、石、金属外，还有镶嵌、纺织物等。

2. 古希腊家具（公元前7世纪—公元1世纪）

古希腊式的住宅远在公元前 5 世纪前后，就有客厅、卧室、起居室的划分，一般家庭中也有椅、桌、床、箱等实用性家具。较早时期造型颇为严肃，多数采用动物和花叶等装饰，随着典型建筑风格的成熟，家具形式亦较单纯优美。座椅的结构非常合乎自由坐姿的要求，座凳除四腿外，还有 X 形折叠式。背部倾斜呈弯曲状，腿部向外张开、向上收缩，给人一种安定感。背板或座面侧板、腿部采用雕刻、镶嵌等装饰，在功能上已经有了显著的进步。室外庭院、公共剧场采用大理石制成的椅子。公元前 1 世纪，方腿座椅虽仍普遍，旋腿已经开始流行，座位优美而舒适，起坐便利而自由，由轻快而优美的曲线构成椅腿和靠背。古希腊家具典雅优美的艺术风格，与古埃及座椅形成强烈对比。

3. 古罗马家具（公元前5世纪—公元5世纪）

从公元前 4 世纪前后到公元 1 世纪之间，古罗马人由共和政体到帝制，形成了独裁的古罗马奴隶制国家。罗马人在共和时期，过着简朴的生活，帝制开始的时候，由各地方集中而来的货物、奴隶形成了繁荣，建筑装饰风格与室内的家具、帷幔等陈设无不表现出奢侈和华丽的形式。古罗马时代的木质家具已经毁坏无遗，但从意大利庞贝等古城中发掘的铜质和石质家具，以及从壁画上可以见到的各种旋木腿座椅、躺椅、桌子、柜子等都极为丰富，还有类似古希腊主教的座椅，为一种向外弧形腿的靠背椅。

2.2.2 中世纪家具

从罗马帝国衰亡到文艺复兴的大约一千年时间，史称中古时期或中世纪，这个时期是基督教文化的时代，也是封建社会产生的时代。中世纪的设计风格可划分为三个主要时期：12世纪以前属于拜占庭风格和仿罗马式风格，其后为哥特式风格。

1. 拜占庭风格家具（公元328-1005年）

公元 4 世纪，古罗马帝国分为东、西两部分，拜占庭风格又称东罗马风格，为公元 5—10 世纪东方装饰设计的代表。家具装饰采取了更为华丽的方式，以雕刻和镶嵌最为常见，许多家具通身施以浅雕，装饰手法常模仿罗马建筑上的拱券形式。当时的旋木技术和象牙雕刻术颇为发达，很自然地发展成为家具装饰的另一特色。家具类型有椅、扶手椅、休息椅、床等。椅子的形式从罗马时代的纤细曲线改变成稍微直线的造型，其代表作品有圣彼德（St. Peter）和达克贝鲁（Dagobert）座椅。前者为木制椅座稍高，正面座下有象牙镶嵌宗教人物 18 幅，靠背仿建筑山花造型，腿部是精巧的雕刻。后者是青铜镀金仿狮子腿、靠背为中世纪初期建筑式样的座椅。公元 6 世纪时，丝织业的兴盛更进一步地使家具的衬垫和帔盖装饰以及室内的壁挂和帷幔等饰物获得长足发展。装饰纹样以叶饰图案、象征基督教的十字架、圆环、花冠、狮、马等纹样结合为基本特征，其中也常使用几何纹样，有些丝织品以动物图案为主要装饰，明显地表现出拜占庭的独特风格。

2. 仿罗马式风格家具（公元10—13世纪）

自罗马帝国衰亡后，意大利封建制国家将罗马文化与民间艺术融合在一起，而形成的一种艺术形式，称为仿罗马式。在公元 5 世纪以后出现在意大利和欧洲西部，主要流行于法国、德国、西班牙、意大利。它上承古罗马的装饰遗风，开启以后的哥特式和文艺复兴式。

仿罗马式主要表现在建筑装饰艺术方面，其特征是严正、庄重。而家具设计方面的灵感则来自建筑，出现了檐帽、拱券、圆柱等仿建筑构件的做法。有些座椅以旋木方式处理，德国有全部采用旋木制作的扶手椅，形式非常简朴平实。高腿屋顶形斜盖柜子是当时最为出色的贮藏家具，正面常采用薄木雕刻的简横曲线图案或玫瑰花饰，有的表面附加铁皮和卯丁，其风格与木质椅子上面的怪兽和花饰一样，带有浓厚的古罗马色彩。

3. 哥特式家具（公元13—16世纪）

哥特风格在 13 世纪时创始于德意志东部地区，后盛行于法国，至 14 世纪中叶盛行整个欧洲大陆。15 世纪初期，随着后期哥特式的发展，家具结构和外形引起强烈的改变，家具设计类似建筑设计，效仿建筑上某些特征，采用尖顶、尖拱、细柱、垂饰罩、线雕或透雕的镶板装饰，强调垂直线，初期坐椅并不是用腿来支撑的，可以看到很多类似箱子的箱形座椅。哥特式家具主要特点表现在两种基本的装饰上面：一是以哥特式尖拱和窗格花饰为主，显示出玲珑华美，在纤细之中带有高贵的气度；二是折叠亚麻装饰，尽显朴素、庄重，在严肃之中略呈单调的感觉。家具类型有凳、椅、餐具柜、箱柜、供桌、床等，哥特式家具如图 2-8 所示。

图2-8　哥特式家具

2.2.3　近世纪家具

近世纪装饰风格从 15 世纪文艺复兴起，经历了浪漫风格、新古典风格；至 19 世纪的混乱风格止，共产生了四种风格，分别为意大利风格、法国风格、英国风格和美国风格。

1. 意大利风格

14 世纪意大利开始文艺复兴运动，以古希腊、罗马风格为基础，加上东方和哥特式装饰部分形式，并采用新的表现手法而获得崭新的设计形式。家具多不露结构部件，而强调表面细密描绘的雕饰，不仅表现了庄重稳健的气势，同时也充分显示出丰裕华丽的效果。它的主要特征为：一是模仿希腊、罗马古典建筑的样式，使其外观庄严厚重、线条粗犷、具有建筑的雄伟和永恒的美；二是人物形象作为一种主要装饰题材大量地出现在家具上，如图 2-9 所示。

图2-9　意大利文艺复兴家具

2. 法国风格

近世纪的法国风格又可分为5种式样。

1）法国文艺复兴式（French Renaissance，1515—1643年）

法国文艺复兴是三种装饰风格的总称，即弗朗西斯一世（1515—1547年）、亨利二世（1547—1559年）和路易十三世（1610—1643年）。初期的弗朗西斯一世风格基本是一种传统风格，亨利二世时期受意大利影响，家具装饰上出现了许多女像柱、古希腊柱式，以及各种花饰和人物浮雕，这种追随意大利文艺复兴家具的形式，一直延续到路易十三世时期，但在处理方法上已经融入了法国人自己的感情，发展了自己艺术的特点。到了17世纪前半期（路易十三世）制造出法国文艺复兴的沙龙装饰及家具，被后世称为路易十三式，是法国形成巴洛克（Baroque）艺术的伊始。

2）路易十四式（Louis XIV，1643—1715年）

路易十四时期开始受到意大利巴洛克的影响，创始法国巴洛克风格，并进而取得欧洲装饰设计的领导地位；所以路易十四风格亦称为法国巴洛克风格。其主要特色建立在豪华艳丽而堂皇的浪漫基础之上，正好符合统治者把艺术作为显示高贵与威严的手段这一要求。巴洛克艺术所造成的那种耀武扬威、高贵堂皇的艺术气氛在凡尔赛宫里得到了充分的体现。

路易十四风格的家具是高雅与威严的集合，它运用矩形、截角方形、椭圆形和圆形作为构图的基本手法，使家具外观以端庄的体形与含蓄的曲线相结合而成。

造型的比例协调有一种优美平衡感，装饰气宇轩昂、阔大雄伟，各种雕花构件划分清楚，装饰纹样宽大雄厚。很多家具都设计成靠墙，室内家具的统一性是路易十四风格的突出特点。

家具类型有椅、小椅子、长椅子、扶手椅、柜、床、桌等，所用的木材多为黑檀木、胡桃木、橡木、花梨木等，如图 2-10 所示。

图2-10　法国路易十四家具

3）路易十五式（Louis XV，1715—1774 年）

路易十五初期经过巴黎摄政时期的酝酿以后，开始从巴洛克风格蜕变为洛可可风格，所以路易十五风格也称为法国洛可可风格。路易十五时期的家具强调舒适、豪华和美观，品种式样繁多，有椅、桌、长榻、沙发、床、写字台和衣柜等。家具造型常以非对称的优美曲线作形体的结构，造型的基调是凸曲线，弯脚成了当时唯一的形式，很少用交叉的横撑。家具装饰豪华，雕刻精细纤巧，只要有能装饰的部位，都加以装饰。装饰方法有绘、雕、镶，丰富多彩。装饰题材除海贝和卵形外，还有花草、果实、花篮、花瓶、缓带、涡卷和天使等。色彩则以优美的淡色调加强温柔的效果，也以金色和黑色分别增加华丽的程度和对比的效果。

4）路易十六式（Louis XVI，1774—1792 年）

路易十六式是流行于 18 世纪末期的庞贝式新古典风格的代表，它的主要特点是废弃曲线的结构和装饰，而将设计重点摆在结构立体上面，直线为主的造型成为自然的趋向。另一特点是源于传统建筑，即在有装饰纹样的部位用一道或几道宽边圈出一个平面来，这些方框的细边是用青铜、黄铜精工雕刻制成的，框的平面形式多样，基本是直线形的，有时方框四角切开，雕上四个圆花饰，有时则在长方形框中间雕以椭圆形边框，边框中间装饰各种图案纹样，花边图案在这个时期用得很少。由于路易十六式家具以长方形为主要结构，使空间与活动的配合更切合实际的需要，使它的外观获得更为单纯优雅的高贵效果。

5）帝政式（Empire Style，1804 — 1815 年）

1804 年拿破仑称帝后，以浓厚罗马色彩著称的帝政式风格应运而生，这是法国拿破仑一世称帝时的家具样式。为了炫耀战功和表现军人的作风，帝政式家具采用了刻板的线条和粗笨的造型，给人的感觉是冰冷做作，极不亲切，使用起来也不舒适。这种风格基本是由拿破仑的建筑师方丁和波希尔创立的，家具设计以古典造型为蓝本，装饰图案以狮身人面怪兽

和女体像柱等为主。部分家具则以木材模仿罗马石材和钢材家具的造型。这种风格只经历了
10 ~ 15 年。

3. 英国风格

近世纪英国风格家具分为以下 7 种样式。

1）伊丽莎白式（Elizabeth，1558—1603 年）

伊丽莎白时期家具造型基本是在哥特式和文艺复兴风格的基础上产生的，并受到许多外
国艺术的影响，起作用最大的是荷兰，其特点是采用中世纪的直线设计，结构简单，结实耐用，
装饰简洁，材料以木材中的橡木为主。家具主要类型有椅子、可伸缩的桌子、橱柜、装饰架
及带有天盖的床等。

2）嘉可比安式（Jacobean，1603—1649 年）

嘉可比安式家具是英国斯图亚特王朝的一种家具形式，初期基本是伊丽莎白风格的继续，
多数造型宽大，有些造型比例上缺乏平衡，线脚变化也不和谐。后期的家具以一种高雅的直
线造型和装饰为主，家具由高向矮变化，使得原来较为呆板笨重的英国家具开始走向轻巧的
造型。椅背是垂直的，一般都显得宽而低，最明显的是荷兰的球形脚和佛兰德的卷涡形透雕
拉脚档的出现，代表了嘉可比安的特征。柜门也受到荷兰镶嵌技术的影响，用象牙或骨嵌成
美丽的图案。

3）威廉·玛丽式（William & Mary，1689—1702 年）

威廉·玛丽风格创始于 17 世纪末期，是英国女王玛丽和她的荷兰丈夫威廉三世共掌国
政时期的家具式样，存在的时间虽短，但对英国后期家具产生了较大的影响，是英国巴洛克
风格的代表之一。

威廉·玛丽家具可分为两大部分：一是王公贵族使用的家具，风格基本接近路易十四式，
椅子和长椅常用进口的天鹅绒或锦缎作面层，这些家具雕刻精良，涂有金粉，还时常出现一
些阿拉伯风格的优美镶嵌；二是从东方进口原料，仿造东方风格制作的大漆家具，主要供中
产阶级使用。家具类型有各种椅、凳、写字桌、小桌、橱柜、带抽屉的箱子等，如图 2-11 所示。

图2-11 威廉·玛丽风格的椅子

4）安娜女王式（Queen Anne，1702—1714 年）

18 世纪是英国家具的黄金时代，安娜女王统治的时代经常被称之为"第一代现代家具时代"，家具特点是线条单纯，结构合理实用，造型小巧玲珑，比例匀称优美。舒适是基本的考虑，装饰简朴是其原则。由于受东方风格，尤其是中国家具样式的影响，而形成了一种突出曲线的形式，家具的轮廓多是在曲线的旋律中构成，如图 2-12 所示。

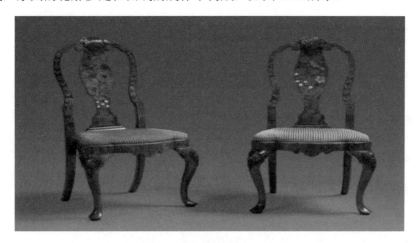

图2-12 安娜女王风格的椅子

5）乔治式（Georgian Style，1714—1795 年）

在整个 18 世纪期间，英国的装饰设计一方面依承着安娜女王时期的本土路线发展优雅实用的风格；另一方面受到洛可可风格的影响，进而有了丰硕的成就，这种式样被称为乔治式。这个时期家具的式样由个体工艺师们所统治，他们设计的式样，以自己的名字命名，主要有以下几种。

（1）齐本德尔式（1740—1779 年）。齐本德尔式是 18 世纪乔治王时代杰出的样式之一，其样式从三个基本来源获得启发：英国前期的式样、法国和中国的式样。典型的齐本德尔式座椅靠背可分为三种式样，一是立板透雕成提琴式或缠带曲线式；二是中国窗格式；三是梯形横格式，通常上比下宽，中间的靠背板均从顶部边连到座位的后框架，背板顶部常设有呈弯曲形的帽头。椅座多用梯形铺装呢绒或锦缎软垫；椅腿则以弯腿和球爪脚为主，有各种不同的脚型。其他著名设计包括长沙发、茶几、三角圆桌、书柜、抽屉柜、写字台、屏风、床及贴金雕刻镜架等，在形式上具有非常稳健而优雅的感觉。

（2）亚当式（1760—1792 年）。罗伯特·亚当是苏格兰一位著名的建筑家，他为了配合自己设计的房屋，又成为家具设计师。18 世纪后期欧洲兴起了研究古代文化的热潮，各种艺术都面向古典，通过亚当的移植，英国新古典风格形成，即乔治后期的亚当式。亚当一生设计了很多家具，特点是比较正规、优美、带有古典式的朴素意蕴，具有直而细长的线条，家具腿为上粗下细，表面平整，用油漆、饰金和镶嵌装饰，这是当时的标志。装饰纹样的丰富多彩是亚当时期的一大特点。

（3）海普怀特式（1770—1786 年）。海普怀特是英国新古典时期的一位杰出的家具设计师，其主要精神体现在他编著的《木工和镶嵌工指南》一书里，书中所搜集的很多造型在美国和英国广为流传，反映了亚当式风格和法国路易十六式风格的影响。当时的时代要求一种与亚当造型有机结合在一起的新造型，这就自然产生了海普怀特式。家具以直线为主，也时有曲线出现在从属地位，如椅背、扶手、座面等，其局部造型是理性的、调和的、简洁的。优雅是其精髓，以柔和与精致著称。

（4）谢拉顿式（1780—1806年）。托马斯·谢拉顿被认为是英国18世纪最后的一位家具设计大师，他所设计的家具外形细长、简洁、优美，结构坚固耐用。造型直线占主导地位，强调纵向线条，偶尔有曲线用在餐柜之类的家具上。喜欢用桃花心木做家具，用于餐厅家具、卧室家具、图书馆家具；其次是花梨木和椴木，用于客厅家具。软垫织物有素色、条纹、花缎子、丝绸或锦缎。

6）摄政时期（Regency，1810—1837年）

英国19世纪初期以摄政风格为主流，这个时期为乔治王朝后期，乔治四世为年老的乔治三世摄政的时代，此时正处于帝政式新古典风格流行时期，故称为摄政风格。初期以模仿埃及、希腊和罗马的古典形式为主，一方面接受了庞贝古迹发掘的影响，另一方面亦受法国帝政式风格刺激和中国、埃及的影响。一般说来，它是一种结构简单、造型严谨、简朴而实用的家具，是古典式简朴的造型与东方华丽的装饰相结合的式样，以杏黄、淡紫和带橙的粉红等淡雅色彩，代替浅蓝、绿和庞贝褐色等暗调色彩，有一种明快爽朗的感觉。

7）维多利亚式（Victorian，1837—1901年）

维多利亚女王时代，是19世纪混乱风格的代表。早期维多利亚家具设计继承了哥特风格，繁复的雕饰是其主要特点。中期受洛可可艺术的影响颇深，装饰内容以奢侈夸张、刻画自然的花草雕刻为主流。晚期受到享有现代装饰设计之父美誉的威廉·莫里斯（William Morris，1834—1896）所倡导的艺术工艺运动的影响，他提倡以中世纪艺术为基础的手工设计，对提高手工工艺水平起了一定的作用。

4. 美国风格

近世纪的美国风格可分为以下两种式样。

1）殖民时期样式（Colonial period，1620—1790年）

殖民时期家具是指美国在独立以前以模仿英国乔治早期风格为主所生产和使用的美国家具。实际上这是多种家具样式的总称，时间上没有明显的界限。由于各地区移民不同，产生的样式也就有所区别，虽然殖民时期的家具都较简单而朴素，但其形式却十分丰富多彩。由于美国殖民式家具是一个总称，没有代表性作品。其样式均在英国洛可可样式基础上予以简化。

2）邓肯·法夫式（Dunxan Phyfe，1768—1854年）

美国独立以后所盛行的联邦时期风格，以古典复活形式为主体，美国设计师烦琐的法国帝政式风格修饰成单纯轻巧的样式，成为美国改良帝政式。邓肯·法夫式家具是在美国独立战争后最著名的家具，他的家具样式受到当时美国各阶层的欢迎，但邓肯·法夫式不是代表一个时代，而是一种特定的家具样式。早期的样式是模仿英国海普怀特式、亚当式、谢拉顿式的家具，采用七弦琴图案是其特征。晚期受到法国帝政式的强烈影响。他所设计的家具线条优美、结构简洁、比例恰当，充分体现出单纯而高雅的气度，成为美国帝政式新古典风格的杰出代表，如图2-13所示。

图2-13　邓肯·法夫式家具

2.3　现代家具的样式

现代家具的发展是和现代建筑以及现代技术并行的，从现代家具的演进过程来看，可以分为以下三个阶段。

第一阶段以1850年索尼特建立世界第一个大规模现代工业化的家具制造厂为起点，到第一次世界大战开始的1914年止。

第二阶段是1918—1939年两次世界大战之间，为现代家具的成长时期。

第三阶段是1945年第二次世界大战以后，为现代家具的演变时期。

现代家具最大的特点是完全展现卓越的技术所塑造的精确美学，以新材料为基础和以简洁线条构成元素的表现方式，通过先进科技的发挥，一方面它借助于精确的结构处理和材料质感的应用，充分地表现出现代家具造型的准确性和透明性。另一方面它依靠严格的几何手法和冷静的构成态度，充分地展现出现代美学的简洁性和完整性。

2.3.1　开创时期的现代家具（1850—1914年）

1. 19世纪的无名家具

现代家具从一开始发展的并不是一帆风顺，从19世纪萌芽的现代家具，在当时是无名的，只是到了后来，当轻巧的基亚瓦里椅，风靡英、法的优美铁凳，或者像美国震颤派教徒那样的宗教团体制作的家具进入社会的时候，似乎才使人领悟到其中的奥妙和深远的意义。

基亚瓦里工厂制造的椅子，其优美的造型是在特定形式下由一系列符合逻辑的变故所产生的，制造者把它的结构简化到了最简单的程度。受它的影响，1933年，意大利新兴的现代设计运动就是运用了基亚瓦里工匠的经验和专长，由兰伯尔帝设计的椅子，以一种简朴风格代替了原来的优雅感。第二次世界大战后，意大利的建筑师又重新恢复了简便椅，在1952年和 1957 年，由蓬蒂设计了几种"雷格罗"的样式。

1747 年在英国成立的震颤派教派，于 1787 年移居美国，出于宗教信仰确定了他们简单的建筑形式和朴素的室内装饰，发展了一些乡镇里面的建筑物，家具和设施完全考虑到实际效果，全无装饰，成为一种非常直率的、简洁的家具。这说明在 100 多年前现代功能主义的原理已经开始萌芽。

19 世纪，铁已是人们所熟知的材料了，用于家具制造最初是铸铁材料，将传统的风格和新材料、新工艺结合在一起，生产出椅、凳及花园长凳。之后出现了锻铁家具，随着社会的发展，又出现可转动的椅子、坐卧两用椅等。1888 年维也纳的德意志国民剧院里安装了第一批折叠椅，从此产生了节省空间的结构。

1890 年美国的办公家具第一次在大型办公室采用时，就显示出节省空间和劳动力的优点，因而远远地走在了时代的前面。

2. 索尼特与弯曲木家具

德国人迈克尔·索尼特（Michael Thonet，1796—1871），1819 年开办家具厂，一直努力探索纯木家具更轻巧经济的形式，于 1830 年发明了弯曲木工艺，制造了第一把弯曲木座椅。1856 年后成功地将山毛榉木经蒸汽处理弯曲成曲线形状，然后用螺钉装配成用于椅子和其他家具产品的框架。这种技术在材料的利用上是经济的，并适合工厂流水线生产，这样就排除了一味地沿用手工技术去模仿古典家具的形式，成为一种利用工业化的生产技术去探索新的家具形式，以经济实用为依据，满足了早期大量消费者的需要，从而使他赢得了工业先驱者的头衔。

3. 莫里斯与手工艺运动时期的家具

19 世纪中叶是英国浪漫主义的极盛时期，影响最大的是威廉·莫里斯倡导的"手工艺运动"。"手工艺运动"作为一种倾向来说，其本质是排斥走工业化生产的道路，而社会却不会放弃工业化生产的经济而代之以莫里斯的美学和质量的理想。随着时间的推移，开始越来越多地转向合理、恰当地应用材料以及设计的简单化和功能上，到 19 世纪末，莫里斯的观点终于作出让步。之后，这一新思想便传播到了整个欧洲大陆，并导致"新艺术运动"的发生。

4. 新艺术运动（Art Nouveau）时期的家具

新艺术运动是 1895 年由法国兴起，至 1905 年结束的一场波及整个欧洲的革新运动。新艺术是以装饰为重点的个人浪漫主义艺术，以表现自然形态的美作为自己的装饰风格，力图寻求一种丝毫也不从属于过去的新风格，以摆脱对古典形式的束缚，把艺术手段和每一种不同的设计品包括家具，统一起来，强调自然，不主张人为。由于社会对审美价值的要求和与工业化发展的关系而得到了促进，在 19 世纪末和 20 世纪初起了承前启后的作用。但是该运动注重于手工艺而有损于工业化发展，与建筑向前发展的总趋势相对立，因此在第一次世界大战后就日趋衰亡了。新艺术运动风格设计师有：比利时的维尔德、法国的格马特、苏格兰的麦金托什、西班牙的高迪等。

5. 维也纳革新运动（1897—1914年）时期的家具

奥地利兴起革新运动，其中主要有以瓦格那为首的"维也纳学派"和以霍夫曼为代表的"分离派"。"维也纳学派"致力于从新古典主义中解脱出来，认为现代形式必须与时代生活的新要求相协调。"分离派"则否认装饰,只是以内容和真实为主,力求从古典的约束中分离出来,在自由的独立思考中创造艺术。

维也纳革新运动中,奥地利设计师们的作品都带有几何形和直线形较为简洁的共同特性,但也都表露出某些古典的因素,他们的理论与实践在当时起到了重要的承前启后的作用。

6. 建筑师莱特的家具

建筑师弗兰克·劳埃德·莱特(Frank Lloyd Wright,1867—1959)出生于美国,是芝加哥学派内带有新艺术倾向、反对古典檐口柱式的先锋,家具设计是从他的建筑中构想出来的,尽可能地把家具包括在有机建筑之中,让它和建筑成为一体,并把它的形状设计得简单到容易用机器制造,而且要成直线和直角形式,按严格的几何方法使用大块木料,并加上他自己雕刻的几何图案,这种风格的家具是依附于整个室内装修实现的。

2.3.2 成长时期的现代家具(1918—1939年)

1. 风格派的家具

1917年在荷兰莱顿城,由画家、建筑师和作家组成了一个"风格派"的组织。"风格派"接受绘图上立体主义和"未来派"的新论点,主张采用纯净的立方体、几何形以及垂直或水平的平面去进行新的造型,色彩只选用红、黄、蓝三原色,在必要时才以白、黑作为对比。

2. 包豪斯运动时期的家具

包豪斯(Bauhaus)是1919年在德国魏玛市成立的一所国立工艺学校。其设计风格不是传播任何艺术风格、体系或教条,而是把现实生活因素引入设计造型中,努力探索一种新的理念,一种能发展创新意识的态度。它最终形成一种新的生活方式:艺术与技术的统一,艺术、技术、经济与社会的统一,艺术设计师与建筑企业家的统一。

设计师马赛尔·布鲁尔(Marcel Breuer)是包豪斯第一期毕业生。马赛尔于1925年设计了第一把用钢管制作的"瓦西里椅",如图2-14所示,该椅子是用钢管构成支架,与人体接触部位采用帆布或皮革,体现了材料的特性。

图2-14　瓦西里椅

2.3.3 演变时期的现代家具（1945年后）

1. 美国现代家具

第二次世界大战后，西欧经济遭到大规模破坏，面临着重建任务，没有力量开发新家具，加之一些优秀的设计师都在美国，于是现代家具的发展自然就落到了大西洋彼岸。在那里，不仅有完整的、实力雄厚的工业，而且还得到了著名的欧洲建筑师和教师的帮助。因此，现代新家具的创作就转移到了美国，先后出现不少著名的现代家具设计师。

具有代表性的美国现代家具设计师有查尔斯·埃姆斯（Charles Eames）、哈里·伯托亚（Harry Bertoia）、乔治·纳尔逊（George Nelson）。如图 2-15 所示为哈里·伯托亚的设计成果——钢丝网壳椅，它用镀铬钢筋做底架，棉织品或软人造革做垫子，采用钢丝网壳来做椅子的背座是他的独创。

图2-15　钢丝网壳椅

2. 欧洲现代家具

20 世纪 60 年代初，欧洲的战后重建工作已大体就绪，工业已恢复到原来的地位，并达到了一个史无前例的生产水平，一个供设计师大显身手的好时机出现了，一大批在艺术上、理论上都受过系统训练的家具设计师，吸收了美国家具公司先进的技术和地方传统风格，在很短的时间内，作出了他们的贡献。

具有代表性的欧洲现代家具设计师有意大利现代设计师吉奥·庞蒂（Gio Ponti）、英国家具设计大师霍德威·伯纳德（Holdaway Bernard）、德国家具设计师依尔曼·埃根（Eiermann Egon）。如图 2-16 所示为吉奥·庞蒂设计的办公会议桌。

图2-16 吉奥·庞蒂设计作品

【案例】

一、罗汉床

罗汉床通常采用全实木制作，结构稳固、耐用。采用实木榫卯工艺，再用现代枪钉胶进行加固，以保证家具的结实、耐用。表面刷环保木器漆，反复打磨、上漆，保留原木特有的美感，使色泽更有韵味。饰以动植物图案，使用高精机器进行浮雕，让产品更精美，如图2-17所示。

图2-17 罗汉床

二、温莎椅

温莎椅的构件完全由实木制成，多采用乡土树种，椅背、椅腿、拉档等部件基本采用纤细的木杆旋切成型，椅背和座面设计充分考虑人体工程学，强调人的舒适感。其设计简单而不失尊贵，装饰优雅而不失奢华，如图2-18所示。

图2-18　温莎椅

【课后习题】

1. 汉代漆木家具的设计特点是什么?
2. 国外家具设计对我们的家具设计有什么样的启示?
3. 梳理国内外家具设计历史,并且给出自己的观点。
4. 分析国内外家具造型设计的特点。

第3章

家具设计分析

家具是人们在日常生活和工作中使用的器具。家具在概念上有广义和狭义之分。从广义上讲，家具是指人类维持正常生活、从事生产实践和开展社会活动必不可少的一类器具。从狭义上讲，家具是日常生活、工作和社会交往活动中供人们坐、卧或支撑与贮存物品的一类器具；同时它又是建筑室内陈设的装饰物，与建筑室内环境融为一体。

3.1 家具的特性

家具在当代已经被赋予了最宽泛的现代定义,家具有"家具""设备""可移动的装置""陈设品"等含义。随着社会的进步和人类的发展，现代家具的设计几乎涵盖了生活的方方面面，从建筑到环境，从室内到室外，从家庭到城市，现代家具的设计与制造是为了满足人们不断变化的需求，创造更加美好、舒适、健康的生活、工作、娱乐和休闲方式。

家具起源于新石器时代，伴随着人类文明的发展，其间历经多次的工艺材料、造型理念、装饰图样等方面的变革,但家具的特性是没有变的。家具的特性包括双重性、文化性和社会性。

双重性：家具不仅具有物质功能，而且具有精神功能，即装饰审美功能。成功的家具设计既实用又可像艺术品一样供人欣赏。家具首先是功能物质产品，满足某一特定的直接用途，又要供人们欣赏，好的家具不仅可以使环境悦目宜人，而且可以在潜移默化中提高人们的文化素养，培养大众的审美情趣。

文化性：家具作为社会物质文化和精神文化的一部分，是人类社会的政治、经济和文化发展的产物，是文化艺术积淀的物化形式，它反映了在特定的历史时期，不同国家、不同民族的文化传统和艺术风格。

社会性：家具是一种信息的载体。家具的类别、数量、功能、形式、风格和制作水平，以及对家具的占有情况，反映了一个国家和地区在某一历史时期的社会生活方式、社会物质文明的水平、社会生产力发展水平等。总之，家具是人类社会的一个缩影，凝聚了丰富而深刻的社会性。

随着社会的进步和发展，人们的行为方式、生活方式都发生了很大的变化。现代家具的材料、结构、使用功能、使用环境的多样化，促成了现代家具的多元化风格。

3.2 家具形态设计

任何形象之所以能被人们感知，是因为它们具有不同的形状、色彩和材质，这些元素共同构成了丰富多彩的大千世界。家具的形态也是通过"形""色""质"等元素表现出来的。

3.2.1 家具造型设计元素

1. 点元素

从点本身的形状而言，曲线点（如圆点）饱满充实，富于运动感；而直线点（如方点）则表现得坚稳、严谨，给人以静止的感觉。从点的排列形式来看，等间隔排列会产生规则、整齐的效果，具有静止的安详感，如图 3-1 所示；变距排列（或有规则的变化）则会产生动感，显示个性，形成富于变化的画面，如图 3-2 所示。在家具造型中，点的应用非常广泛，它不仅作为一种功能结构的需要，而且也是装饰构成的一部分，如柜门、抽屉上的拉手、门把手。锁具、沙发软垫上的装饰包扣，以及家具的五金装饰配件等相对于整体家具而言，它们都以点的形态特征呈现，除了具有功能性以外，还具有很好的装饰效果。

图3-1　等间隔排列

图3-2　变距排列

2. 线元素

线材是以长度单位为特征的型材。无论直线或曲线均能呈现轻快、运动、扩张的视觉感受，当形态在长度与截面比例上的悬殊较大时，无论其形态是具象还是抽象，是单体还是组合，都具有线的视觉特征和视觉属性。在家具设计中，线的形态运用到处可见，从家具的整体造型到家具部件的边线，从部件之间缝隙形成的线到装饰的图案线，线是家具造型设计的重要表现形态，是构成一切物体轮廓形状的基本要素。家具中的线表现为多种方式，家具的整体轮廓线可以是直线、斜线、曲线，以及它们的混合构成；家具的零部件可以以线的状态存在，家具的一些功能件、装饰件也常常是以线的形式出现的。

线有两种形态：直线和曲线。线具有方向性，不同的线给人以不同的感受。利用垂直线的挺拔感，可改善空间低矮压抑的形象；以水平线为主的家具给人以平静舒展之感；优美的曲线变化丰富，显得优雅活泼。

（1）直线造型的家具。直线包括垂直线、水平线和斜线。垂直线造型的家具一般有严肃、高耸及富有逻辑性的阳刚之美；水平线造型的家具则具有开阔、安静的阴柔之美，如图3-3所示；斜线造型的家具具有突破、变化和不安定感，如图3-4所示。

（2）曲线造型的家具。曲线分为几何曲线和自由曲线。曲线造型的家具优雅、柔和而富有变化，给人以理智、明快之感，如图3-5所示。曲线造型的家具象征女性丰满、圆润的特点，也象征着自然界中美丽的流水和彩云。

图3-3　垂直线和水平线造型家具

图3-4 斜线造型家具

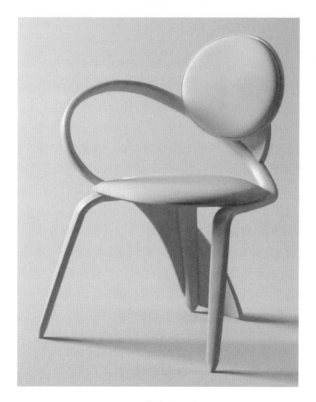

图3-5 曲线造型家具

（3）直曲线结合的家具。直曲线结合是比较常见的设计手法，既能满足功能需求，又能很好地表达情感诉求，如图3-6所示。

图3-6　直曲线相结合的家具

3. 面元素

面材通常指组成家具的某一部分如桌面、柜面等其平面面积比厚度大很多的材料。家具设计里，面具有两种含义，即作为容纳其他造型元素的装饰面和作为单纯视觉元素的面。面在造型中表现为形，如正方形、长方形、三角形等几何图形，以及非几何图形、自由图形等。不同形状的面具有不同的情感特征。如正方形、圆形和正三角形这些以数学规律构成的完整形态具有稳定、端正的感觉，其他形体则显得丰富活泼，具有轻快感。除了形状外，在家具中，面的形状还具有材质、肌理、颜色等特性，给人以视觉、触觉等不同的感受。

面可以分为平面与曲面。平面有垂直面、水平面与斜面；曲面有几何曲面与自由曲面。其中平面在空间中常表现为不同的形状，主要有几何形和非几何形两大类。

几何形是以数学的方式构成的，包括直线形（正方形、长方形、三角形、梯形、菱形等多边形）、曲线形（圆形、椭圆形等）和曲直线组合形。

非几何形则是无数学规律的图形，包括有机形和不规则形。有机形是以自由曲线为主构成的，它不如几何形那么严谨，但也并不违反自然法则，它常取形于自然界的某些有机体造型；不规则形是指人们有意创造或无意中产生的平面图形。

在家具造型设计中，我们可以灵活地运用各种不同形状的面、不同方向的面进行组合，以构成不同风格、不同样式的家具造型。如几何曲面具有理智和感情，而自由曲面则性格奔放，具有丰富的抒情效果。曲面在软体家具、壳体家具和塑料家具中得到了广泛应用。

4. 体元素

体是设计、塑造家具造型最基本的手法，在设计中掌握和运用立体形态的基本要素，同时结合不同的材质、肌理、色彩，以表现家具造型，是非常重要的设计基本功。在家具造型设计中，正方体和长方体是用得最广泛的形态，如桌、椅、凳、柜等。在家具造型中多为各种不同形状的立体组合构成的复合形体，在家具立体造型中凹凸、虚实、光影、开合等手法的综合应用，可以搭配出千变万化的魔法一样的家具造型。

"体"有几何体和非几何体两大类。几何体包括正方体、长方体、圆柱体、圆锥体、三棱锥体、球形等形态。非几何体一般指一切不规则的形体。

在家具形体造型中有实体和虚体之分，实体和虚体从心理上的感受是不同的。虚体（由面状形线材所围合的虚空间）使人感到通透、轻快、空灵，而实体（由体块直接构成实空间）给人以重量、稳固、封闭、围合性强的感受。在家具设计中要充分注意体块的虚实处理给造型设计带来的丰富变化。

体可以通过如下方法构成：线材空间组合的线立体构成；面与面组合的面立体构成；固体的块立体构成，如图 3-7 所示；面材与线材、块立体组合的综合构成。体的切割与叠加还可以产生许多新的立体物体。

图3-7 柱体造型家具

3.2.2 形式美构成设计

完美的家具造型设计，需要掌握一些造型构图方法和手段，即形式美法则。

"形式"是指人们所说的"形状"，它包括形态要素的空间组合形式和秩序。基本形态要素包括点、线、面、体、空间等几种；每一种复杂的形态都可以分解成各种单一的基本形态要素；反过来，各种不同的形态基本要素的组合便构成了不同的形态。因此，讨论形态构成的问题最终落实到对基本形态要素的分析和它们之间的组合构成方式的问题上。

在现代社会中，家具已经成为艺术与技术结合的产物，家具与纯造型艺术的界线正在模糊，建筑、绘画、雕塑、室内设计和家具设计等艺术与设计的各个领域在美感的追求及美的物化等方面并无根本不同，而且在形式美的构成要素上，有着一系列通用的法则，这是人类在长期的生产与艺术实践中，从自然美和艺术美中概括、提炼出来的艺术处理，并适用于所有艺术创作手法。要设计创造出一件美的家具，就必须掌握艺术造型的形式美法则，而且家具造型设计的形式美法则是在几千年的家具发展历史中，由无数前人和大师在长期的设计实践中总结出来的，并在家具造型的美感中起着主导的作用。家具造型的形式美法则和其他造型艺术一样，具有民族性、地域性、社会性。同时，家具造型有自己鲜明的个性特点，但又受到功能、材料、结构、工艺等因素的制约，每个设计师都要按照自己的体验、感受去灵活、创造性地应用。

家具造型设计的法则有统一与变化、比例与尺度、对称与平衡、节奏与韵律等。

1. 统一与变化

统一与变化是适用于各种艺术创作的一条普遍法则，同时也是自然界客观存在的一条普遍规律。在自然界中，一切事物都有统一与变化的规律，宇宙中的星系与轨道、树的枝干与果叶……一切都是条理分明、井然有序的。此时自然界中的统一与变化的本质，反映在人的大脑中，就会形成美的观念，并支配着人类的一切造物活动。

统一与变化是矛盾的两个方面，它们既相互排斥又相互依存。统一是指在家具系列设计中要做到整体和谐，形成主要基调与风格。变化是指在整体造型元素中要寻找差异性，使家具造型更加生动、鲜明、富有趣味性。统一是前提，变化是在统一中求变化，如图3-8所示。

图3-8　家具造型的统一与变化

1）统一

在家具造型设计中，主要运用线的协调、形的协调、色彩的协调，用家具中次要部位对主要部位的从属来烘托主要部分，突出主体，形成统一感，在必要和可能的条件下，可运用相同或相似的线条、构件在造型中重复出现，以取得整体的联系和呼应。

2）变化

变化是在不破坏统一的基础上，强调家具造型中部分的差异，求得造型的丰富多变。

家具在空间、形状、线条、色彩、材质等各方面都存在差异，在造型设计中，恰当地利用这些差异，就能在整体风格的统一中求变化。变化是家具造型设计中的重要法则之一，变化在家具造型设计中的具体应用主要体现在对比方面，几乎所有的造型要素都存在着对比因素，如线条的长与短、曲与直、粗与细、横与竖；形状的大与小、方与圆、宽与窄、凹与凸；色彩的冷与暖、明与暗、灰与纯；肌理的光滑与粗糙、透明与不透明、软与硬；形体的开与闭、疏与密、虚与实、大与小、轻与重；方向的高与低、垂直与水平、垂直与倾斜，等等。

一个好的家具造型设计，处处都会体现造型上的对比与和谐的手法，在具体设计中，要将许多要素组合在一起综合应用，以取得完美的造型效果，如图3-9所示。

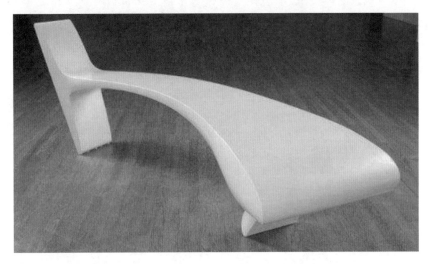

图3-9 变化造型的家具

2. 比例与尺度

比例与尺度是与数学相关的构成物体完美和谐的数理美感的规律。所有造型艺术都有二维或三维的比例与尺度的度量，按度量的大小，构成物体的大小和美与不美的形状。我们将家具各方向度量之间的关系，以及家具的局部与整体之间形式美的关系称为比例；在家具造型设计时，根据家具与人体、家具与建筑空间、家具整体与部件、家具部件与部件等所形成的特定的尺寸关系称为尺度。所以，良好的比例与正确的尺度是家具造型完美和谐的基本条件。

在造型设计中，解决好比例与尺度的关系，既要满足功能的要求，又要符合美学法则。如埃罗·沙里宁在1956年设计的郁金香椅，是以圆形盘柱为足，采用生动的花卉造型，整体用玻璃纤维板挤压成型，体现出精美的比例关系，成为工业设计史上的典范，如图3-10所示。

3. 对称与均衡

对称是指事物（自然、社会及艺术作品）中相同或相似的形式要素之间相称的组合关系所构成的绝对平衡，对称是均衡的特殊形式，如图3-11所示。对称与完全对称一般会使人产生稳定感，但过多的对称会显得呆板。均衡是指在特定空间范围内，形式诸要素之间保持视觉上力的平衡关系。均衡是根据形象的大小、轻重、色彩及其他视觉要素的分布作用于视觉判断的平衡。

图3-10　郁金香椅

图3-11　讲究对称结构的中式家具

　　对称与平衡是自然现象的美学原则。人体、动物、植物形态，都呈现着对称与平衡的原则，家具的造型也必须遵循这一原则，以适应人们视觉心理的需求。对称与平衡的形式美法则是动力与重心两者矛盾的统一所产生的形态，对称与平衡的形式美，通常是以等形等量或等量不等形的状态，依中轴或支点出现的形式。对称具有端庄、严肃、稳定、统一的效果；平衡具有生动、活泼、变化的效果。

　　早在人类文化发展的初期，人类在造物的过程中，就具有对称的概念，并按照对称的法则创造建筑、家具、工具等。人类在造物过程中对对称的应用不仅是对实用功能的要求，也是人类对美的要求。

在家具造型上最普通的手法就是以对称的形式排列形体。对称的形式很多,在家具造型中常用的有以下三大类。

1)镜面

镜面是最简单的对称形式,它是基于几何图形两半相互反照的对称,是同形、同量、同色的绝对对称。

2)相对对称

相对对称是指对称轴线两侧物体的外形、尺寸相同,但内部分割、色彩、材质、肌理有所不同。相对对称有时没有明显的对称轴线。

3)轴对称

轴对称是围绕相应的对称轴用旋转图形的方法取得。它可以是3条、4条、5条、6条中轴线作多面均齐式对称,在活动转轴家具中多用这种方法。

由于家具的功能多样,在造型上无法全都用对称的手法来表现,因此,平衡也是家具造型的常用手法。平衡是指造型中心轴的两侧形式在外形、尺寸上不同,但它们在视觉和心理上感觉平衡,最典型的平衡造型就是衡器称的杠杆重心平衡原理。在家具造型中,我们采用平衡的设计手法,使家具造型具有更多的可变性与灵活性。

图3-12是梁志天"偏偏"系列中的椅子,梁志天一直试图打破传统的束缚,尝试别具一格的设计,也一直试图推翻原有的设计理论,在追求完美的路上,创造出不完美的美学。

图3-12 梁志天"偏偏"系列中的椅子

4. 节奏与韵律

节奏与韵律也是事物的自然现象和美的规律。例如,鹦鹉螺的旋涡渐变形、松子球的层层变化、鲜花的花瓣、树木的年轮、芭蕉叶的叶脉、水面的涟漪等,都蕴含着节奏与韵律的美。

节奏美是条理性、重复性、连续性艺术形式的再现，韵律美则是一种有起伏的、渐变的、交错的、有变化的、有组织的节奏，它们之间的关系是：节奏是韵律的条件，韵律是节奏的深化。韵律有连续韵律、渐变韵律、起伏韵律和交错韵律几种形式。

1）连续韵律

连续韵律由一个或几个单位按一定距离连续重复排列而成，如图3-13所示。在家具设计中可以利用构件的排列取得连续的韵律感，如椅子的靠背、橱柜的拉手、家具的格栅等。

图3-13　连续韵律的家具

2）渐变韵律

在连续重复排列中，对该元素的形态做有规则的增减变化，这样就产生了渐变韵律，如在家具造型设计中常见的成组套几或有渐变韵律的橱柜，如图3-14所示。

图3-14　渐变韵律的家具

3）起伏韵律

将渐变韵律加以高低起伏的重复，则形成有波浪式起伏的韵律，产生较强的节奏感，如图 3-15 所示。

图3-15　起伏韵律的家具

4）交错韵律

交错韵律是指各组成部分连续重复的元素按一定规律相互穿插或交错排列所产生的一种韵律，如图 3-16 所示。

图3-16　交错韵律的家具

在家具造型中，中国传统家具的博古架、竹藤家具中的编织花纹及木纹拼花、地板排列等，都是交错韵律在现代家具中的体现。由于标准部件化生产和系列化组合工艺的应用，这种单元构件有规律的重复、循环和连续，成为现代家具节奏与韵律美的体现。

总之，节奏与韵律的共性是重复与变化，通过起伏重复，渐变重复可以进一步强化韵律美，丰富家具造型，而连续重复和交错重复则强调彼此呼应，能加强统一效果。

3.3 家具色彩设计

色彩是眼睛受到光的刺激所引起的视觉作用。针对不同的家具,搭配不同的色彩,不仅能在视觉上获得愉悦的审美效果,而且能在不同的色调中,给人以不同的心理感受。根据应用对象的不同,可以采用不同的颜色搭配,以恰当的色彩达到理想的艺术效果。儿童用家具应选用娇嫩、明快的色调,适应于儿童天真可爱的特征;青年用家具应选用明亮鲜艳的色调,适应于青年人青春朝气的特点;中老年人用家具,可以选用素雅、稳重的色调,适应于中老年人安静的个性特点;此外也可以根据应用对象的个性爱好选用合适的颜色。

3.3.1 家具的色彩

空间的色彩效果是需要从室内设计的角度来通盘考虑的。家具设计可以充分利用材料的自然颜色来精心搭配,以凸显家具本身的艺术感染力。家具设计的配色方案一般分为调和与对比两种。

调和是指以某种单色或类似色相系列为基础对家具进行配色,如图 3-17 所示,其中的变化可通过明度和纯度的变化取得,也可将少量的其他色相作为重点或加以外观形态和肌理的变化而取得。

图3-17 调和色彩的家具

家具色彩对比包括色相对比、冷暖对比、浓淡对比和明暗对比。家具色彩的不同属性可以使空间产生不同的视觉效果。例如,暖色的家具可以使空间膨胀,使人感觉更充实,相反,冷色的家具则使空间收缩；浅色的家具使空间显得更为宽敞，而深色的家具则使空间更稳定。家具的色彩与所处环境的色彩共同营造了空间氛围。

3.3.2 家具的色彩运用

家具的色彩运用包括三个方面。

（1）用色彩结合形态对家具功能进行暗示。如家具的某个部位或某个零件用色彩加以强调，暗示其功能与结构。

（2）用色彩制约和诱导家具产品的使用行为。如深色表示稳重，白色表示洁净，黄色表示温暖。

（3）用色彩象征功能。有时家具的特征属性能够用色彩来表现，色彩反映的是家具产品的系列化形象，甚至关系到企业的形象和理念。

适当的色彩运用在家具设计中不仅能够理性地传达某种设计理念，更重要的是它能够以其特有的魅力激发使用者的情感，达到影响人、感染人和使人容易接受的目的，如图3-18所示。同时，家具设计还应该考虑消费个体对色彩不同的认同度。地理气候及文化的差异导致民族色彩的出现，注意民族色彩的收集与整理，发掘民族色彩形成的深层原因，才能在设计的过程中把握民族文化的脉络，体现个性化的设计思维。

图3-18 彩色创意的家具

3.4 家具的质感、肌理及材料

3.4.1 质感

所谓质感是指物体表面的质地作用于人的视觉而产生的心理反应，即表面质地的粗细程度在视觉上的直观感受，如图 3-19 所示。质感的深刻体验往往来自人的触觉，不过由于视觉和触觉的长期协调实践使人们积累了经验，往往凭视觉也可以感受到物体的质地。

图3-19　毛绒质感的椅子

3.4.2　肌理

所谓肌理是指物体表面的纹理。天然材料的表面和不同方式的切面都有千变万化的肌理，这是我们形式设计取之不尽的创作源泉。一般而言，人们对肌理的感受是以触觉为基础的，但由于人们对触摸物体的长期体验产生了感知记忆，以至于不必触摸，便会在视觉上感受到质地的不同，这可称为视觉质感。因此，肌理有触觉肌理和视觉肌理之分。

1. 触觉肌理

触觉肌理包括物体的粗与细、凸与凹、软与硬、冷与热等。如图 3-20 所示是 PVC 管材制作的椅子，给人硬朗的触觉与视觉感受。

2. 视觉肌理

视觉肌理包括物体的细腻与粗糙、有光与无光、有纹理与无纹理等。

在家具设计中，常规的肌理效果总是带有大众化的色彩而流于平淡，而偶发肌理的变异性却能给人带来某种惊喜和非常规的视觉效果。偶发肌理是指在工艺加工过程中，由于外界偶发性干预所产生的肌理变异效果。它让本来平凡的材料产生更高品质的艺术性，从而大大提高家具材料的外在表现力，其效果是设计师可以有目的地选择却难以完全把控的。

图3-20 PVC管材制作的椅子

3.4.3 材料

材料是从原料中取得的，并且是生产产品的原始物料，包括人类在动物、植物或矿物原料基础上转化的所有物质，如金属、石块、皮革、塑料、纸、天然纤维和化学纤维等。以材料为标准对家具的分类见表 3-1。

表3-1 家具类型及其主要特征

家具类型	主要特征
木材家具	主要使用实木或各种木质复合材料（如刨花板、纤维板、胶合板等），经过锯、刨等切削加工手段，采用各种样式接合制成的家具
塑料家具	整体或主要部件使用塑料（包括发泡塑料）加工而成的家具
竹藤家具	使用藤材编织而成的家具
金属家具	主要使用钢材、铸铁、钯板等常见金属材料所制作的家具
石材家具	以大理石、花岗岩或人造石材为主要构件的家具
玻璃家具	以玻璃为主要构件的家具
纸质家具	以纸为材料做成的家具，突出环保理念
软体家具	以弹簧、填充料为主，以泡沫塑料成型或充气成型的柔性家具

1. 木材家具

木材作为一种天然材料，在自然界中蓄积量大、分布广、取材方便，具有优良的特性。木材一直是最广泛、最常用的传统材料，其自然朴素的特性更是让人产生亲切感，被认为是最富于人性特征的材料。

1）实木家具

实木是家具中应用最为广泛的材料，至今仍然在家具设计中占有主要地位。其特点是质地优良、坚硬，质轻而强度高，加工也很方便，且纹理细腻、色泽丰富，隔音效果较好。家具的结构部分必须采用硬度大的木材，以防止破裂，所以木材必须彻底干燥，将膨胀、收缩和变形等缺点降到最低。

实木家具可以分为全实木家具、实木家具、实木贴面家具和实木面家具。

全实木家具是指所有零部件（镜子托板、压条除外）均采用实木锯材或实木板材制作的家具，表面没有任何覆面处理。

实木家具是指基材（抽屉、隔板、床铺等）采用实木锯材或实木板材制作的家具，表面不做任何覆面处理，但其他部位可以用人造材料代替。

实木贴面家具是指基材采用实木锯材或实木板材制作，并在表面覆贴实木单板或薄木（木皮）的家具。

实木面家具只要求家具门、面部分以实木锯材制作，对其他部位没有明确要求。

2）人造板家具

人造板是以木材或其他非木材植物为原料，经一定机械加工分离成各种单元材料后，施加或不施加胶粘剂和其他添加剂胶合而成的板材或模压制品。如图3-21所示为人造板家具。

图3-21　人造板家具

人造板主要包括胶合板、刨花（碎料）板和纤维板三大类产品，其延伸产品和深加工产品达上百种。胶合板、刨花板和纤维板三者中，以胶合板的强度及体积稳定性最好，加工工艺性能也优于刨花板和纤维板，因此使用最广。硬质纤维板有不用胶或少用胶的优点，但纤维板工业对环境的污染十分严重。刨花板的制造工艺最简单，能源消耗最少，但需使用大量胶粘剂。

2. 塑料家具

塑料是对20世纪的家具设计和造型影响最大的材料。而且，塑料也是当今世界上唯一真正的生态材料，可回收利用和再生。塑料制成的家具具有天然材料家具无法代替的优点，尤其是整体成型自成一体，色彩丰富，防水防锈，成为公共建筑、室外家具的首选材料。塑料家具除了整体成型外，更多的是制成家具部件，与金属材料、玻璃配合组装成家具。

在家具制造中常用的塑料类型有三种，即强化玻璃纤维塑料（FRP）、ABS 树脂和亚克力树脂。

强化玻璃纤维塑料是强化塑料的一种，是复合塑料材料。由于它具有优越的机械强度，且质轻透光、强韧而微有弹性，又可自由成型、任意着色，成为铸模家具的理想材料。它可以将所有细部构件组成完整整体，以椅子为例，椅座、椅背和扶手等构件皆可与椅腿连成一体而无接合痕迹，使人感觉暖和轻巧。

ABS 树脂又称合成木材，是一种坚韧的材料，通过注模、挤压或真空模塑成型，用于制造零部件及整个椅子框架部件。

亚克力树脂即丙烯酸树脂，主要特点是坚固强韧、无色透明，有类似玻璃的表面质地，利用简单的真空成型或加温弯折方法，可以使制作家具时有着广泛的造型可能。

3. 金属家具

主要部件由金属所制成的家具称为金属家具。根据所用材料，可分为全金属家具、金属与木结合家具、金属与其他非金属（竹藤、塑料）材料结合的家具。金属材料技术的进步在 20 世纪早期的产品设计创新中扮演了重要角色，尤其是无缝钢管，是座椅类家具及与之相关的餐桌、咖啡桌的基本元素之一。钢管为家具创建了一个全新的形式，将功能主义的简洁线条审美观带入了家庭。当今，制椅技术除了在金属的成型、加工和表面涂饰处理方面提高工艺水平外，还在不同材料间的连接性上也尝试各种创新。

4. 竹材和藤材家具

竹材和藤材都是自然材料，可单独用来制造家具，也可以与木材、金属等材料配合使用。竹子是东方传统的材料，并且已经成为一种文化识别符号。竹子被广泛地用于中国的家具及工艺品制作。中国设计师李兴富不断地开发新的工艺并且融入东方现代设计理念，推出了一系列非常优秀的现代藤编作品，这些作品又有着浓郁的传统气息，如图 3-22 所示。

图3-22 李兴富藤编作品

5. 玻璃家具

玻璃是一种晶莹剔透的人造材料，具有平滑、光洁、透明的独特材质美感。现代家具的一个流行趋势就是把木材、铝合金、不锈钢与玻璃相结合，极大地增强了家具的装饰观赏价值，现代家具正在走向多种材质的组合，在这方面，玻璃在家具中的使用起了主导性作用，如图 3-23 所示。

图3-23　玻璃家具作品

6. 石材家具

石材是大自然鬼斧神工造化的、具有不同天然色彩石纹肌理的一种质地坚硬的天然材料，给人以高档、厚实、粗犷、自然、耐久的感觉，如图 3-24 所示。天然石材的种类很多，在家具中主要使用花岗岩和大理石两大类。由于石材的产地不同，故质地各异，同时在质量、价格上也相差甚远。在家具的设计与制造中，天然大理石材多用于桌、台案、茶几的面板，可发挥石材坚硬、耐磨的特点和天然石材肌理的独特装饰作用。同时，也有不少室外庭院家具，室内的茶几、花台全部是用石材制作的。人造大理石、人造花岗岩是近年来开始广泛应用于厨房、卫生间台板的一种人造石材。它以石粉、石渣为主要骨料，以树脂为胶结成型剂，一次浇铸成型，易于切割、抛光，其花色接近天然石材，具有抗污力、耐久性及加工性、成型性优于天然石材的特点，同时便于标准化、部件化批量生产，特别是在整体厨房家具、整体卫浴家具和室外家具中被广泛使用。

图3-24　石材家具作品

7. 纸质家具

纸质材料具有良好的切割性、粘贴性、可折叠性，加工处理时可先设定需要的骨架基础，然后进行有规律的折屈、黏合。与其他材料相比，纸质材料的可切割性大大降低了它的加工难度，为纸的立体造型开创了丰富多彩的局面。纸质材料由于自身吸水性、结构强度等方面的原因，也不可避免地有着自身的局限性和不足，因此我们需要特别注意，在设计和生产过程中尽量减少或者避免其缺陷对产品功能的影响。

纸质家具所用的原材料主要有瓦楞纸、工业纸板和蜂窝纸板等。瓦楞纸以其结实、轻质、环保的特点越来越受到设计师的推崇，不仅可以用来制作瓦楞纸家具（见图3-25）、瓦楞纸玩具，甚至可以用来建造办公室。

图3-25　瓦楞纸家具作品

8. 软体家具

软体家具是指以实木、人造板、金属等为框架材料，用弹簧、绷带、泡沫塑料等作为弹性填充材料，表面以皮、布等面料包覆制成的家具，特点是与人体接触的部位由软体材料制成或由软性材料饰面，如图 3-26 所示。

图3-26　软体家具作品

案例与课后习题

【案例】

如图 3-27 所示的活力派对客厅，色彩碰撞鲜明，是年轻人的首选客厅，艳丽的色彩，轻松混搭，给客厅带来不沉重的分量感。

三人座的沙发奠定了客厅的主色调，蓝色软包与红色抱枕对撞，打造了沉稳又不沉闷的客厅氛围。主沙发旁除了加单人座沙发外，亮色的单人椅也是非常流行的折中混搭法，柠檬黄椅让客厅颜色更具动感。茜红色线条的边几与沙发上的抱枕的颜色相呼应，同时也给空间更多的通透感。

图3-27　活力派对家具布局

【课后习题】

1. 分析菲律宾设计师肯尼斯·科托努家具选材的特点。

2. 收集以木材为主体的材质混搭家具作品，并以PPT的形式进行总结汇报。

3. 利用瓦楞纸材质的特点，设计并制作瓦楞纸凳子。

第4章

家具造型形态类型分析

　　家具造型设计既是一种感性活动，需要有对形态的"直觉"，即对形态的感觉能力；家具造型设计又是一种理性活动，需要遵循一定的原则和按照一定的思路和程序来循序渐进，即在一定思想、理论、规则和方法基础之上的理性思维活动。

　　家具产品形态是以家具产品的外观形式出现的，但这一形式是由家具产品的材料、结构、色彩、功能、操作方式等造型要素组成的。设计师通过对这些要素的组合，将他们对社会、文化的认知，对家具产品功能的理解和对科学、艺术的把握与运用等反映出来，形式便被赋予了意义。因此，产品形态是集当代社会、科技、文化、艺术等信息为一体的载体。家具产品形态创意是整个家具产品设计过程中最难的一个环节。家具产品形态创意的难度在于要求设计师具有较为全面的知识结构和对这些知识高度的综合应用能力。家具形态创意的难度更在于要求设计师具有多元化的思维模式，以创造为核心，将逻辑思维与形象思维有机地融合在一起。

4.1　形态、家具形态概述

　　家具作为一种客观存在，具有物质的和社会的双重属性。家具的物质性主要表现在它是以一定的形状、大小、空间、排列、色彩、肌理和相互间的组配关系等可感知现象存在于物质世界之中，通过这种可感知的形态与人产生相互作用，并且在人们日常生活中使用。它是一种信息载体，具有传递信息的能力：家具是用什么材料制成的，是给成人用还是给儿童用，是否"好看"、结实，与预定的室内气氛是否协调；等等。将这些信息进行处理，进而产生一种诱发力：是否该对这些家具采取购买行为。家具的社会性主要指家具具有一定的表情，蕴含一定的态势，可以产生某种情调与人发生暂时的神经联系。家具的物质性主要决定家具的价格，家具的社会性主要决定家具在消费者心目中的价值。前面产生的某些诱惑与后者对照，最终做出决策：是否该拥有这些家具。因此，消费者购买家具的过程是一个充分整理家具物质性和社会性信息的过程，也可以认为是认识、理解家具形态的过程。形态设计在家具设计中的地位由此也可见一斑。

4.1.1　"形"（shape）

　　"形"通常是指物体的外形或形状，它是一种客观存在。自然界中如山川河流、树木花草、飞禽走兽等都是一种"自在之形"。另一类给我们的认识带来巨大冲击的是"视觉之形"。视觉之形包括三类：一是人们从包罗万象中分化出来的、进入人们的视野并成为独立存在的视觉形象的"形"，即所谓的"图从地中来"，如图4-1所示；二是人们日常生活中普遍感知的一些形象，即生活中的常见之形，如几何形等，如图4-2所示；三是各种"艺术"的"形"，即能引起人们情境变化的，被人们称之为有"意"的形，如图4-3所示。

图4-1　图从地中来

图4-2　几何形

图4-3 有"意"的形

4.1.2 "态"（form）

"形"会对人产生触动，使人产生一些思维活动。也就是说，任何正常的人对"形"都不会无动于衷。这种由"形"而产生的人对"形"的后续反应就是"态"。一切物体的"态"，是指蕴含在物体内的"状态""情态"和"意态"，是物体的物质属性和社会属性所显现出来的一种质的界定和势态表情。"状态"是一种质的界定，如气态、液态、固态、动态、静态。"情态"由"形"的视觉诱发心理的联想行为而产生，即"心动"，如神态。"意态"是由"形"向人传递一种心理体验和感受，是比"情态"更高层次的一种心理反应。

"态"又被称为"势"或"场"。世间万事万物都具有"势"和"场"。社会"形势"——社会发展的必然趋势，对处于这个社会中的人都有一种约束，所谓顺"势"者昌，逆"势"者亡；电学中有"电势"一说，电子的运动由"电势"决定，使电子的运动有了确定的规律。地球是一个大磁体，地球周围存在强大的"地磁场"，规定着地球表面所有具有磁性的物体必然的停留方向。

4.1.3 "形态"（form or appearance）

对于一切物体而言，由物体的形式要素所产生的给人的（或传达给别人的）一种有关物体"态"的感觉和"印象"，就称为"形态"。

任何物体的"形"与"态"都不是独立存在的。所谓"内心之动，形状于外""形者神之质，神者形之用""形具而神生"，讲的就是这个道理。

"形"与"态"共生共灭。形离不开神的补充；神离不开形的阐释，即"神形兼备""无形神则失，无神形而晦"。

将物体的"形"与"态"综合起来考虑和研究的学科就称为"形态学"。最初它是一门研究人体、动植物形式和结构的科学，但对形式和结构的综合研究使它涉及了艺术和科学两方面的内容，经过漫长的历史发展过程，现在它已演变为一门独立的集数学（几何）、生物、力学、材料、艺术造型为一体的交叉学科。

形态学的研究对象是事物的形式和结构的构成规律。

设计中的"几何风格""结构主义"都是基于形态学的原理所形成的一些设计特征。

4.1.4 家具中的"形态"

家具设计中的"形"主要是指人们凭感官就可以感知的"可视之形"。构成家具"形"的因素主要有家具的立体构图、平面构图、家具材料、家具结构以及赋予家具的色彩等。家具的"形态"是指家具的外形和由外形所产生的给人的一种印象。家具也存在于一种"状态"之中。家具历史的延续和家具风格的变迁，反映了家具随社会变化而变化的"状态"；家具的构成物质也存在着"质"的界定，软体、框架、板式等形式反映了家具的"物态"。

家具有亲切和生疏之情，有威严和朴素之神，有可爱和厌恶之感，有高贵和庸俗之仪，家具有美、丑之分。这些都是家具的"情态"。

家具是一种文化形式，社会、政治、艺术、人性等因素皆从家具形态中反映出来，简洁的形态体现出社会可持续发展的观念，标准化形态折射出工业社会的影子，各种艺术风格流派无一不在家具形态中传播。这些都是家具的"意态"。

4.2 自然形态、人造形态、家具形态

自然界中存在的各种形态如行云流水、山石河川、树木花草、飞禽走兽等都属于自然形态。"江山如有待，花柳更无私。"每个人都生活在大自然的怀抱里，谁都承认，千姿百态、五彩缤纷的自然界是一个无比美丽的世界。自然界的美是令人陶醉的，也是最容易被人们所接受的，同时它又是神秘的。大自然中出现的各种形态是人类探索自然的出发点。一切事物、现象最初都是以"形态"出现在人们的意识和视野中，随着这种意识的逐渐强烈、现象趋于明显、形态更加清晰，人类才对它们产生各种兴趣，有的是记录和描绘它，有的是试图解释它。所有这些"记录"和"解释"的过程，就是人们通常所说的"研究"的过程。人类一切活动都可归结为一种——探索大自然的奥妙。

所谓人造形态是指人造物的各种形态类型。反观人类文明史上所出现的各种人造形态，人类对于形式的一切创造，都或多或少地可以从自然界中找到"渊源"，这就意味着人类不能凭空捏造出"形态"。也就是说，仪态万千的自然界是各种人造形态的源泉。

家具作为一种人造形态，自然形态在其中的反映几乎无处不在。从古希腊、古罗马风格到巴洛克、洛可可风格，从中国明式家具到西方后现代、新现代风格的家具，都可找到自然形态在家具设计中运用的生动和成功的例子。因此，研究自然形态向人造形态的转化是研究家具形态设计的一个重要维度。

4.2.1 自然形态的情感内涵和功能启示

人类对大自然充满了热爱之情，因为它不仅是人类生存的依托，也是构成人们生活的天地。人们咏唱日月星辰、赞赏田园山水，这不仅体现了大自然的和谐与秩序，而且在与人的生活联系中被人格化了，赋予其意义。"知者乐水，仁者乐山。知者动，仁者静。"讲的就是这个道理。自然形态的这种情感内涵成为人们利用它的感情基础。

人对自然的情感充分体现了人与自然的关系。人对自然的态度大体经历了畏惧进而崇拜、

初步认识进而欣赏，更多认识进而试图征服，征服无果后的无奈、深刻认识后的转而寻求和谐共处等这样几个阶段。人类对于自然的态度淋漓尽致地反映在了各类设计中。

人是从自然界进化而来的，是自然界的一个组成部分，同时，人又要依赖自然界而生存，因为人与自然之间的物质交换是人生存的前提。这是人们利用自然形态的物质基础。

人类长期的实践证明：人与自然最合理的关系是和谐共处。事实上，人们生活的世界，是一个"人化"了的自然界，是经过人的加工和改造的结果。自然界的"人化"，在很大程度上是由自然形态功能的不足而引起的。

对于自然形态的功能机制，人们经历了一个历史的认识过程。开始是个别的生物机制给人以启迪，人们从外部特性上加以模仿。随着科技的发展，尤其是生物科学的进展，生物世界的奥秘不断被揭示，仿生学等一批与自然界、生物界有关的学科逐步建立起来。通过对自然界和生物界的认识，人们发现：各种自然形态都蕴藏着各种不同的功能，而这些功能与各种人造物品在被制造时所追求的功能几乎完全一致。

正是由于上述人对自然形态的情感和对自然形态功能的发掘与模仿，才形成了自然形态与人造形态之间相互转化的契机。因此，自然形态向人造形态的转化是一种人们认识自然，改造生活的必然行为。

4.2.2 自然形态与人造形态的构成基础及其区别

前面已经说过，所谓人造形态是指人工制作物这一形态类型，它是用自然的或人工的物质材料经过人的有目的的加工而制成的。无论是自然形态的东西还是人造形态的东西，都有自身的物质特性，并且服从于一定的自然规律。因此，物质性是这两种形态取得统一的基础，它们都是占有一定时间和空间而存在的物质实体。

人造形态与自然形态在物质性上的区别表现在以下三方面。

其一，人造形态的东西是人们有目的的劳动成果，直接用于人的某种需要，因而它的存在符合人的目的性的特点；而自然形态的东西则遵从于"物竞天择，适者生存"的特点，如图4-4所示。

图4-4　山水与建筑对应

其二，作为人的劳动成果，人造形态必然打上劳动主体——人的烙印，即它是一种"人化的自然"。人是由自然形态向人造形态转化过程的中心，人作为活动主体所具有的需要、目的、意向和心理特征等因素都将发挥得淋漓尽致。

共三，由于人的生产活动都是在一定的社会关系中进行的，因此人造形态都具有一定的社会性的特征，成为特定的社会文化的产物。甚至人对自然形态的态度也会因社会的变化而改变。

4.2.3 自然形态向人造形态演绎的方式

将自然形态的要素运用到设计形态中，有三种最基本的方法：一是直接运用即直接模仿，即将自然形态直接用于人造形态的设计中；二是间接模仿或抽象模仿，在形态学中称为"模拟"，即对自然形态进行加工整理，将自然形态中各种具象的形态抽象化，或者取其中的某个部分、细节加以运用，或者将其转化为更加适应的形态；三是对自然形态的提炼与加工，"仿生"是最基本和最常见的手法。

1. 模仿

简单模仿和抽象模仿可一并归纳为"模仿"。"模仿"是造型设计的基本方法之一，是指对自然界中的各种形态、现象进行模仿。利用模仿的手法具有再现自然的意义。

自然界中形态的存在是各有其"理由"的。巍峨的山形是地壳运动形成的结果，给人鬼斧神工的感觉；沙丘舒缓的曲线是沙子在风力的作用下缓慢移动而形成的；许多动物的形状和颜色是为了自身在自然界中的生存而逐渐演变而成的。这些形态往往给人以特别的感觉，更多的是美的享受。因此，人们对大自然的各种形态充满了欣赏而影响深刻，这些形态都可以直接用于设计中，如图4-5所示。

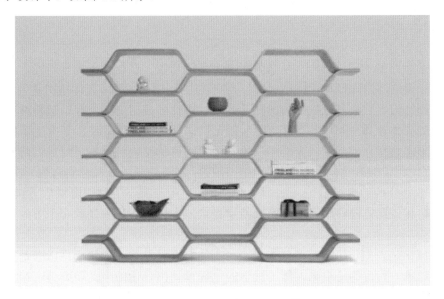

图4-5 家具形态对自然形态的模仿

模拟是较为直接地模仿自然形态或通过具象的事物来寄寓、暗示、折射某种思想感情。

这种情感的形成需要通过联想这一心理过程来获得由一种事物到另一种事物的思维的推移与呼应。

在家具造型设计中，家具的外形塑造如同一件雕塑作品，这种塑造可能是具象的，也可能是抽象的，也可能介于两者之间。模仿的对象可以是人体或人体的一部分，也可能是动植物形象或者别的什么自然物。模仿人体的家具称为"人体家具"，如图4-6所示，早在公元1世纪的古罗马家具中就有体现，在文艺复兴时期得到充分表现，人体像柱特别是女像柱得到广泛运用。在整体上模仿人体的家具一般是抽象艺术与现代工业材料与技术相结合的产物，它所表现的一般是抽象的人体美。大部分的人体家具或人体器官的家具，都是高度地概括了人体美的特征，并较好地结合了使用功能而创造出来的。

图4-6　家具形态对人体形态的模仿

2. 仿生

仿生是造型的基本原则之一，从自然形态中受到启发，在原理上进行研究，然后在理解的基础上进行模仿，将其合理的原理应用到人造形态的创造上。例如,壳体结构是生物存在的一种典型的合理结构，它具有抵抗外力的非凡能力，设计师应用这一原理以塑料材料为元素塑造了一系列的壳体家具形态，如图4-7所示。充气家具是设计师采纳了某些生命体中的具有充气功能的形态而设计的。板式家具中"蜂窝板"部件的结构是根据"蜂房"奇异的六面体结构而设计的，不仅质量小，而且强度高、造型规整，堪称家具板式部件结构的一次革命。"海星"脚是众多办公椅的典型特征，如图4-8所示，它源于海洋生物"海星"，这种结构的座椅，不但旋转和任意方向移动自如，而且特别稳定，人体重心转向任意一个方向都不会引起倾覆。

人体工程学是人们仿生的重要成果之一。人的脊椎骨结构和形状一直以来是家具设计师重点研究的对象，其目的是根据人体工程学的原理设计出合适的坐具和卧具，家具的尺度不再是由设计师自由发挥的空间，而是要考虑到在发生使用中人体与家具尺度是否协调。

图4-7　壳体家具

图4-8　海星脚椅子

4.2.4　自然形态向家具形态转化的设计要素

　　自然形态向人造形态转化的过程中总是要借助一定的载体，即通过一些具体的造型要素来进行表达。材料作为产品构成的物质要素，是设计的基础。家具产品的生产过程就是把材料要素转化为产品要素的过程。材料本身也有自然形态和人造形态之分。自然材料是指未经人为加工而直接使用的材料（如木材、竹材、藤材、天然石材等），这些材料朴素的质感更有利于使人感受自然形态的美感。人工合成材料是由天然材料加工提炼或复合而成的，它吸收和凝聚了天然材料优良的品格特性，因而更加适合设计，如图4-9所示。

　　当代家具产品设计在材料的运用上有三种不同的倾向：一是返璞归真；二是逼真自然；三是舍其质感，突出形式。

图4-9　生态木材家具

　　结构产品中各种材料的相互联结和作用方式称为结构。产品结构一般具有层次性、有序性和稳定性的特点，这与自然形态的结构特征是一脉相承的。家具结构设计表现在结构形态上可以取自然形态的格局与气势，但由于家具是一种人造产品，对于自然形态的结构运用受到许多限制，因此，在家具结构设计时，采用的方法是在科学知识的基础上塑造或构建合理的结构。

　　形式：这里所说的形式是指产品的外在表现，如形体、色彩、质地等要素。

　　功能：产品的功能是指产品通过与环境的相互作用而对人发挥的效用。人们在长期地对自然形态的认识过程中已经充分发现了各种自然形态的作用，有些可直接运用，有些稍加改造，即可符合人们更加苛刻的需求。

4.3　家具概念设计形态与现实设计形态

　　不论何种设计行为，有两个基本因素是不能回避的：设计的动机（出发点）和设计的结果（以何种形式来丰富社会文明）。只是由于设计的形式不同，表达的方式才有所区别。例如：平面艺术设计等形式强调的是视觉冲击力，进而影响人的思想；建筑设计除了上述目的之外，还要提供人类生活的物质环境。因此，由于设计形式的不同，设计的内容必然各不相同。工业设计（家具设计属于工业设计范畴的观点已早有定论）兼有艺术设计和技术设计的基本内涵，因而设计的感性和理性是其不可缺少的两面性特征，由此出现了两种基本的设计表现形式：概念设计和现实设计（又有人称其为实践性设计）。概念设计是指那些意在表达设计师思想的设计，无明确的设计对象，通常以设计语义符号出现，其技术内涵可以含糊甚至可以省略，旨在提出一些观点供人们做出判断；现实设计有明确的设计对象和明确的物化目的，重在探讨物化过程的合理性和现实可行性（即技术性）。在以往有关设计理论的探讨中，大多数人都将其作为两种不同的指导思想（即所追求的不同的设计结果），来加以论述其不同的特征和作用，虽然也有些道理，但难免有些偏颇，在产品设计领域这种偏颇性表现得更加明显。

每个真正做过产品设计的人都会知道，产品设计大体会经历如图4-10所示的四个过程。

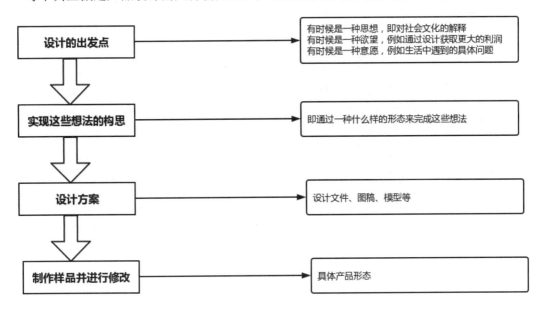

图4-10　产品设计经历的四个过程

由上图不难看出：一个完整的产品设计过程，实质上包含了产品概念设计和产品现实设计两方面的基本内容。因此，尽管概念设计和现实设计作为两种不同的设计理念，无论是在设计理念内涵上，还是设计的具体实施上均有着自身独特的一面，并在不同的时间和不同的背景下提出；但这两种设计表现形式在工业设计类型中常常是联系在一起的，并在一定条件下互相转化。

4.3.1　概念设计与概念设计形态

1. 概念设计以传达和表现设计师的设计思想为主

生活在纷繁社会里的人对世界有自己的看法，于是用各种方式来发表自己的见解。设计师的社会责任感和职业感驱使他们用设计的方式来表现自己的思想。历史上闻名的《包豪斯宣言》是包豪斯学校和密斯·凡德罗校长对社会、对设计的见解，在这种思想的带动下，出现了现代设计风格。可以认为它是所有现代设计的概念。

概念设计常常无明确的设计对象，所有具体的设计对象此刻在设计师的心目中已变得模糊，剩下的只有思想、意念、欲望、冲动等感性的和抽象的思维。因此，有人认为"设计是表达一种纯粹信念的活动"。

但不能由此就认为概念设计是人的一种"玄妙"和随意的行为。社会，更直接地说，消费者是设计产生、存在的土壤，设计师的分析、判断能力以及他们所具有的创造性的视野、灵感与思想才是设计的种子。虽然概念设计是以体现思想、理念、观念为前提的设计活动，但是它更是针对一定的物质技术条件尤其是人自身心理提出的一种设计方式与理念。

概念设计所要建立的是一种针对社会和社会大众的全新的生活习惯、生存方式（其结果往往也是这样），是对传统的、固有的某种习以为常却不尽合理的方式与方法的重新解释与探讨，关心的是社会、社会的人而不是具体的物。因此，概念设计可以被认为是人本主义在设计领域的一种诠释。

2. 概念设计以设计语义符号来表现概念设计形态

人们通常要借助"载体"来表达思想，诗人要么用富于哲理的、要么用充满激情的辞藻来抒发内心的情感，设计师选择的是他们所擅长的设计语言，因为只有这些"语义符号"才更能将那些"只能意会、不可言传"的思想表达得淋漓尽致。这种"物化"的"语言"（具有广义的语言的含义）与画家的绘画语言有异曲同工之妙：虽然不为人们所常见、熟知，但却极有可能使人们精神为之一振。

3. 概念设计重视感性和强调设计的个性

理解了概念设计的动机和表现形式之后，稍有哲学知识基础的人就应该能理解概念设计的基本表现特征：重视感性和强调设计的个性。

概念设计挖掘设计师心中内在的潜意识，深层次地从人自身的角度出发面对事物、理解事物、解读生活、解读人。因而它是感性的。

概念设计针对的问题与理念的提出往往不具有确定性的，常带有某种研究、假定、推敲、探讨性质的态度，加之设计师在开拓、历练自己设计思维的过程中，由于在设计师个体上、综合素质与文化背景上的不同，体现在设计上的差异也就是自然而然的事了。其结果必然是我们眼前的姿态万千、造型迥异。

在概念设计中强调感性个性，绝不会陷入"唯心主义"和"个人主义"的泥潭，在当今的社会中更是如此。在信息化的社会里，忧患意识与生存危机，重视自身生存的意义、自我的空间、自我思想的体现等，这一切都在呼唤、强调个体的存在价值。尤其在物质极大丰富的今天，人们在赞叹选择空间广阔的同时，更热切地期盼体现自身与自我生存的个性化产品的出现。

4.3.2 现实设计与现实设计形态

1. 现实设计是一种实践性活动

人的任何行为必定受到思想的约束，设计也不能例外。现实设计是一种切实的设计活动，活动的全过程无时不在贯彻既定的设计思想，反映在具体行为上，就是设计的每一过程、每一个细节都围绕着设计思想展开。

如图 4-11 所示是一件具有简约风格的家具设计，除了整体外形的简洁之外，设计师在其细部处理、材料的选用上无一不渗透着精练的智慧。现实设计往往有一种非常明确的目的（可能是一个指标、一个参数、一个预想的计划或工程、一件人们心目中形象已非常清晰的产品等），围绕这个目的所展开的现实产品设计的前提是基于对现有产品的认识、使用习惯及大众群体针对产品的期望值，这些因素使得设计从开始之初所面对的就是产品本身的特性与大众认知之间的冲突。但设计师有自己的思想，于是设计的过程便成为在自己初始的思想基础之上的调整、重组、整合和优化。这成为现实设计实践活动的基本特征。

图4-11　简约风格的家具设计

2. 理性的张扬与感性的压抑

由于现实设计建立在具体的技术因素（材料、结构、设备、加工等）和既定的人为因素的基础之上，这些诸如市场、价格、企业原有产品的造型风格、必须满足的功能特点、繁杂的生产技术等时时在设计师的头脑中闪现，同时也会成为熄灭他们灵感火花的隔氧层，束缚着他们的行为，其感性可能会受到不同程度的压抑。这是一个不可回避的事实。但只要能理解"社会的人必然受到社会的约束"这个基本道理，所有的抱怨便随之烟消云散，于是去探讨如何在理性的张扬中去释放我们的潜能。

将设计师所面对的一些凌乱的因素、烦琐的技术、复杂的过程等要素加以科学、理性的整理，并最大限度地保留设计师不愿舍弃的感性的自豪与精彩，就成为设计师必须具备的才能之一；不然的话，世界上也就不会有优秀的设计大师和蹩脚的设计者之分了。

图 4-12 是一把椅子的设计，如此简单的一个功能造型，却被演绎得如此眼花缭乱。

3. 现实设计的结果是具体的物化的现实设计形态

与概念设计的结果不同，现实设计的结果是具体的物化的现实设计形态。汽车产品的现实设计有汽车设计的现实语言，它们是速度、加速性能、制动性能、油耗、风阻、轴距、容量、承载量等；家具产品的现实设计有家具设计的现实语言，它们是空间尺度、人体工程学原理、结构、材料、配件、表面装饰等，如图 4-13 所示。虽然不同的现实产品设计有着与设计相关的共同因素，但产品类别的不同决定了设计的最终结果是不同的产品功能形态。

图4-12　形态多样的椅子

图4-13　汽车和家具

4.4　家具的功能形态

　　家具作为一种物质产品，具有两方面的功能，即物质功能和精神功能。它一方面能供人使用，提供给人活动的方便，另一方面又有较高的审美价值，能给人以美的享受。

4.4.1　家具的物质功能

　　室内装饰设计中，家具的物质功能表现在两个方面：家具的使用功能和家具在室内空间中的作用。

1. 家具的使用功能

家具的使用功能，即为家具的实用性，这是家具最基本的作用。它能为人们工作、学习、生活、活动和休息等提供最基本的物质保证，以提高工作、学习的效率和休息的舒适度。从使用特点看，家具的功能可分为支承功能和贮物功能两大类。

1）支承功能

支承功能是指家具支承人体和物品的功能。支承人体功能的家具（又称"承人家具"），主要有床、凳、椅、沙发等。它与人体直接发生联系，与人们的生活关系最为密切，是家具最主要的功能。因此，承人家具必须尽可能贴合人的活动特征，提供可靠、舒适的支承。承物家具中的大多数家具与人的活动都有较为密切的关系，所以同样应满足人体工程学的要求。

2）贮物功能

贮物功能是指家具在贮存物体方面的作用。这主要体现在柜、橱、箱等家具上，它们能有序地存放工作、生活中的常用物品，使工作、生活具有条理性，并能保持室内的整洁，提高综合效率。

2. 家具在室内空间中的作用

家具在室内空间中的作用主要包括分隔空间、均衡空间构图、组织空间与人流、间接扩大空间。

1）分隔空间

在现代建筑中，为了提高内部空间的灵活性和利用率，常采用可以二次划分的大空间，而二次划分的任务往往由家具来实现。例如，在许多别墅、住宅设计中，常常采用厨房与餐厅相隔而又相通的手法，这不仅有利于使用，也提升了空间的格调。

家具分隔空间的做法还能充分利用空间。例如，用床或柜划分两个儿童同住的卧室；用隔断、屏风等划分餐厅，形成单间或火车座；用货架和柜台划分营业场所，形成不同商品的售货区等。利用家具分隔空间在隔声方面的效果较差，因此，在使用中应注意场所的隔声要求，合理使用。

2）均衡空间构图

室内空间是拥挤闭塞还是杂乱无章，是舒展开敞还是统一和谐，在很大程度上取决于家具的数量、款式、配置和摆设。因此，调整家具的数量和布置形式，可以取得室内空间构图上的均衡。当室内布置在构图上产生不均衡而用其他办法无法解决时，可用家具加以调整。当室内某区域偏轻偏空时，可适当增加部分家具；当某区域偏重偏挤时，可适当减少部分家具，以保持室内空间构图的均衡。

3）组织空间与人流

在一个较大的空间内，把功能不同的家具按使用要求安排在不同的区域，空间就自然而然地形成了具有相对独立的几个部分，它们之间虽然没有大的家具或构配件阻挡交通和视线，但是空间的独立性质仍可被人们所感知。由于不同区域的家具，在使用上具有某种内在的联系，因此确定了这些家具的布置位置，也就决定了该空间内人流的基本走向。这时，这些区域就具有组织人流的意义。这种情况常常出现在候车室、展厅、门厅中，因为这些场合的使用功能一般比较复杂，需要特别精心地组织，以减少人流的交叉、折返等情况。

4）间接扩大空间

用家具扩大空间是以它的多用途和叠合空间的使用及贮藏性来实现的，特别是在住宅的内空间中，家具起的扩大空间作用是十分有效的。间接扩大空间的方式有如下几种。

（1）壁柜、壁架。由于固定式的壁柜、吊柜、壁架家具可以充分利用其贮藏面积，这些家具还可利用过道、门廊上部或楼梯底部、墙角等闲置空间，从而将各种杂物有条不紊地贮藏起来，起到扩大空间的作用。

（2）家具的多功能用途和折叠式家具能将许多本来平行使用的空间加以叠合使用。如组合家具中的翻板书桌、组合橱柜中的翻板床、多用途沙发、折叠椅等，它们可以使同一空间在不同时间用作多种用途。

（3）嵌入墙内的壁龛式柜架，由于其内凹的柜面，使人的视觉空间得以延伸，起到扩大空间的效果。

4.4.2 家具的精神功能

家具精神方面的功能主要有以下几方面。

1. 可以展现一个民族的文化传统

每一个民族都有自己特有的民族文化以及传统习俗，这一点可以在家具的摆设中充分展现。现代建筑空间处理日趋简洁明快，在室内环境中恰当配置具有民族特色的家具，不仅能反映民族的文化传统，而且能给人们留下较为深刻的印象。

2. 陶冶情操

家具艺术与其他艺术既有共同点又有不同点，不同点之一就是它与人们的生活关系更为密切。家具的产生和发展是人类物质文明和精神文明不断发展的结果。

所以，家具不仅影响着人们的物质生活和精神生活，而且影响着人们的审美和趣味。家具的美育作用是灵活、潜移默化发生的，人们在接触它的过程中自觉或不自觉地受到感染和熏陶。随着家具的发展，人们的审美情趣也随之不断地改变，而人们审美观的改变，又促进了家具艺术的发展。

3. 形成室内空间的风格和个性

家具的风格与特色，在很大程度上影响甚至决定了室内环境的风格与特色。现代建筑的空间简洁、利落，较少有个性，因此，要体现内部环境的风格特点，必须依靠家具与陈设。家具可以体现民族风格。中国明式家具的典雅、日本传统家具的轻盈，早已为人们所熟知。所谓的巴洛克风格、埃及古代风格、印度古代风格、日本古典风格等，在很大程度上都是通过家具表现出来的。

家具可以体现地方风格。不同地区由于地理气候条件、生产生活方式、风俗习惯的不同，家具的材料、做法和款式也有所不同。广东流行红木家具，湖南、四川多用竹藤家具，这都与当地的气候条件和资源品种有关。

家具还能体现主人或设计者的风格，成为主人或设计者性格特征的表现形式。因为家具的设计、选择和配置，在很大程度上能反映出主人或设计者的文化修养、性格特征、职业特征以及审美取向等。

4. 烘托氛围，表达意境

室内空间的氛围和意境是由诸多因素形成的，在这些因素中，家具起着不可忽视的作用。氛围，是指环境给人的一种印象，如朴实、自然、庄重、清新、典雅、华贵等；意境，则是指能够引人联想，给人以感染的场景。有些家具体形轻巧，外形圆滑，能给人以轻松、自由、活泼的感觉，可以形成一种悠闲自得的氛围。有些家具是用珍贵的木材和高级的面料制作的，带有雕花图案或艳丽花色，能给人以高贵、典雅、华丽、富有新意的印象。还有一些家具，是用具有地方特色的材料和工艺制作的，能反映地方特色和民族风格。例如，竹子家具能给室内空间创造一种乡土气息和地方特色，使室内氛围质朴、自然、清新、秀雅；红木家具则给人以苍劲、古朴的感觉，使室内氛围高雅、华贵。

5. 调节室内环境色彩

在室内装饰设计中，室内环境的色彩是由构成室内环境各个元素的材料固有颜色所共同组成的，其中包括家具本身的固有色彩。由于家具的陈设作用，家具的色彩在整个室内环境中具有举足轻重的作用。在室内色彩设计中，我们用的设计原则多数是大调和、小对比，小对比的色彩处理，往往就落在陈设和家具身上。在一个色调沉稳的客厅中，一组色调明亮的沙发会带来振奋精神和吸引视线从而形成视觉中心的作用；在色彩明亮的客厅中，几个彩度鲜艳、明度深沉的靠垫会造成一种力度感。

另外，在室内装饰设计中，经常以家具织物的调配来构成室内色彩的调和或对比调。例如，宾馆客房，常将床上织物与座椅织物及窗帘等组成统一的色调，甚至采用同样的图案纹样来取得整个房间的和谐氛围，创造宁静、舒适的色彩环境。

4.5 家具的技术形态

从设计的意义上说，家具产品是一种融艺术、技术于一体的综合体。任何设计，只有将其设计思想转化为现实时，设计才具有意义。

家具设计的目的是要保证设计出来的家具好看、好用，能够被生产出来并能得到大多数人的认可。

如果说家具造型设计是解决家具既好看又好用的问题，那么，家具技术设计就是解决被设计的家具能够生产得出来的问题。

家具技术设计是解决关于家具生产制造活动中与技术有关的问题的设计，其主要内容包括材料的选择、结构设计、强度与稳定性校核、生产工艺技术的计划等。

家具技术设计是家具设计工作的重要组成部分。家具设计计划往往包括造型计划和技术计划两个主要部分，两者相互影响。造型计划过程就必须考虑技术计划实现的可能性，当技术计划的实现遇到问题时，可能要随时修改造型计划。

　　家具技术设计和造型设计一样，同样可以成为家具概念设计的出发点。为了反映一种思想、表现一种设计风格和流派，我们更多的是从形态设计入手，塑造出具有感染力的家具形态；这是大多数家具设计师常用的思维模式。实际上，对于家具技术的构想同样可以是家具设计的思维源。对一种材料的青睐、对一种结构形式的联想、对一种技术的运用，同样可以成为家具设计的出发点和创作源。

4.6　家具的色彩形态

　　在形态要素设计中，形、色不可分，色彩的因素包含在形态要素中，色彩因素对丰富形态、塑造形态起着很关键的作用。据调查，人们认知一种产品的属性，在最初的 20 秒内，色彩感觉会占 80%，形体占 20%；2 分钟后，色彩占 60%，形体占 40%；5 分钟后，色彩、形体各占 50%。由此，家具的色彩是人们对家具形态视觉的第一印象，在家具的造型设计中有着形体与质感不可替代的重要地位。试想，如果将色彩的因素抽去的话，对产品形态的认知度就会降低或被扰乱，形态将会黯淡无光。

4.6.1　家具色彩与形态风格

　　家具的色彩能丰富现代家具的形态语言，彰显家具形态的个性。不同的色彩会体现不同的家具形态的风格。在一定的建筑环境氛围中，不同的家具形态亦需要适宜的色彩。同时，色彩对家具形态还有很强的装饰性作用。如果家具色彩设计不考虑到与形体表现的统一，两者的表现力会相互削弱。例如，庄重、稳定的家具形体最好能涂饰庄重的深色，而轻巧活泼的圆锥形家具则涂饰艳丽的颜色，会取得较和谐的装饰效果。再如，为什么长期以来，电脑桌、办公桌椅之类带有办公性质的家具很多为灰、黑色系，而儿童家具色彩相对活泼、绚丽，这里就有色彩属性与形态属性相一致的原因。因为，办公类家具的形与色在心理感受上归属于理性的范围，而儿童用家具的形与色在心理感受上偏女性化，归属于感性的范围。一种成熟的家具风格所用的色彩有着较固定的模式。因为所有的因素（包括色彩）都参与风格的建构，如中国、日本、印度等国家的东方风格家具其色调多深沉凝重，家具表面常做亮光处理，整个家具沉着但不沉闷，还有几分轻巧与精致；形成于斯堪的纳维亚半岛的北欧风格的家具，其色彩强调保持原材料的天然色泽，体现自然、质朴和粗犷的特征；形成于地中海沿岸的地中海风格的家具其色彩多为白色、海蓝色和浅绿色，表面处理为以色彩遮盖的亚光形式；还有国际上广泛流行的国际风格的家具，其色彩或是含蓄的黑、白、灰，或是无拘无束的五彩绚丽。

4.6.2　家具色彩设计的原则

　　以下列举几个色彩在形态设计中常用的手法。

1. 以人为中心的设计原则

家具的色彩根据家具的使用者对色彩的认识和需求，制订不同的色彩计划。家具产品的色彩充分体现以人为中心、共性与个性、普遍与多样的辩证统一的设计原则。

2. 符合美学法则的原则

"简洁就是美"既要求家具产品形体结构简单、利落，又要求色彩单纯、明朗。单纯明朗的色彩有一定的主色调，达到对比与调和等审美要求，并且符合时代审美需求，根据家具产品的功能、使用环境、用户要求以及颜色的功能作用等进行设计。

3. 满足企业形象的原则

1）不同风格

同一家具产品造型，用不同的色彩进行表现，形成产品横向系列，会使人感觉品类丰富，增加形态视觉上的丰富性。

2）不同表现

对同一产品形态用不同色彩进行各种分割（根据产品结构特点、用色彩强调不同的部分），形成产品的纵向系列。这种色彩的处理方法会在视觉上影响人对形态的感觉，即使是同一造型的产品，会因其色彩的变化而对形态的感觉有所不同。比如，我们尝试着将一件正面缺少变化的四门大衣柜做色彩形态上的革新，将衣橱的四扇门分别漆以淡草绿、淡黄、粉红、浅棕四种不同的颜色，用于存储四季的衣物。这样不但弥补了形体的不足，而且显得雅致清新，同时又可用来代表一年四季分放不同季节的衣服，便于识别。

3）以色彩区分模块，体现产品的组合性能

有别于传统，但又不失稳重大气，如此一来更能显示出办公区域的整洁活泼。

4）以色彩进行装饰，以产生富有特征的视觉效果

丰富的视觉效果通过色彩加以区分，更能显示出美好事物的区别和联系，提升员工工作热情。

4. 材料质感与色彩应用相结合的原则

家具色彩形态是由各种材料构成要素的质感加上色彩组合而成，要想获得良好的色泽效果，就必须将色彩和材料的质感结合起来考虑。单纯自然材料的色彩缺乏鲜艳动人的趣味，而人工材料色彩较自然材料在色相、明度、纯度等方面有着更自由、更广泛的选择余地。但人工材料所表现的色彩效果有些肤浅、粗糙，而自然材料色泽沉着、厚重。因此，家具的色彩应该尽量采用自然色与人工色综合运用的形式，取长补短。

5. 符合不同地区和国家对色彩爱好和禁忌的原则

由于各个国家、地区、民族、宗教信仰、生活习惯的不同，以及气候、地理位置的影响，人们对色彩的爱好和禁忌也有所不同。比如我国北方地区喜欢暖色，深沉、浓烈、鲜艳的色彩；南方喜欢偏冷的色彩，素雅、明快、清淡的色彩。家具的色彩既不能脱离客观现实，也不能脱离地域和环境的要求。要充分尊重民族信仰和传统习惯，创造出人们喜爱并乐于接受的色彩形态。

4.7 家具的装饰形态

家具的装饰形态是指由于家具的装饰处理而使家具具备的形态特征。

4.7.1 家具产品的装饰手段

家具产品的装饰手段数不胜数。有的装饰与功能件的生产同时进行，有的则附加于功能件的表面。根据加工方式和所用材料的不同，家具装饰手段主要可以分为以下几种。

1. 功能性装饰

采用功能性装饰手段，能在增添家具美感的同时，提高家具表面的保护性能。功能性装饰主要可以分为涂料装饰和贴面装饰。

涂料装饰是将涂料涂于家具表面，形成一层坚韧的保护膜的装饰手段。经涂饰处理后的家具，不但易于保持家具表面的清洁，而且能使木材表面纤维与空气隔绝，免受日光、水分和化学物质的直接侵蚀，防止家具变色和木材因吸湿而产生变形、开裂、腐朽等，从而提高家具使用的寿命。根据所用涂料的不同，涂料装饰主要可分为透明涂料装饰和不透明涂料装饰。

贴面装饰是将某种饰面材料贴于家具表面，从而达到美化家具的作用。根据饰面材料的不同，可以将贴面装饰分为薄木贴面装饰、印刷装饰纸贴面装饰、合成树脂浸渍纸贴面装饰等。薄木贴面装饰是指将名贵木材加工成薄木再贴于家具基材表面，这种方法可以使普通木材制造的家具具有珍贵木材的美丽纹理与色泽。印刷装饰纸贴面装饰是指将印有木纹或其他图案的装饰纸贴于家具基材表面，然后用树脂涂料进行涂饰，使家具具有一定的耐磨性、耐热性等。合成树脂浸渍纸贴面装饰是指将树脂浸渍过的木纹纸贴于家具基材表面，其纹理、色泽具有广泛的选择性。

2. 艺术性装饰

艺术性装饰是一种运用艺术性的技艺来美化家具的装饰手段。由于制作工艺的不同，艺术性装饰可以分为雕刻装饰、模塑件装饰、镶嵌装饰、烙花装饰、绘画装饰、镀金装饰等。

雕刻装饰是一种古老的装饰技艺。早在商、周时期，我国的木雕工艺就达到了较高水平。根据雕刻方法的不同，家具的雕刻装饰可以分为线雕、浮雕、圆雕、透雕等。

模塑件装饰是指用可塑性材料经过模塑加工得到具有装饰性的零部件的装饰手段。应用聚乙烯、聚氯乙烯等材料进行模压或浇铸等成型工艺，既可以生产成附着于家具表面的装饰件，也可以将装饰件与家具部件一次成型。

镶嵌装饰是指将不同颜色的木块、木条、兽骨、金属、象牙、玉石等，组成平滑的花草、山水、树木、人物等各种题材的图案花纹，然后再嵌粘到已经铣刻好花纹槽的家具部件的表面。

烙花装饰是指用加热的烙铁在木材表面进行烙绘图案花纹的装饰手段。由于烙铁对木材加热温度的不同，在木材表面可以产生层次丰富的棕色烙印，而烙花就是利用这种浓淡、虚实的烙印来作画，以获得自然、独特的装饰画。

绘画装饰就是用油性颜料在家具表面徒手绘制，或采用磨漆画工艺对家具表面进行装饰的方法。

镀金装饰是指将木材表面金属化，也就是在家具装饰表面覆盖一层薄金属。最常见的是覆盖金、银和青铜。

3. 五金件装饰

五金件装饰是家具装饰的重要内容。造型优美、形式多样的五金件，能给家具以画龙点睛的装饰效果。常见的五金件装饰有拉手、脚轮、铰链、泡钉等。

4. 其他装饰

除了以上装饰手段以外，还有织物装饰、灯具装饰等。

4.7.2 家具产品的装饰形态的意义

各种装饰形态在家具设计中的应用由来已久，早在古埃及时期，几何化的装饰元素普遍地应用于各类家具的界面中，并形成一种夸张、单纯、生动、有序的艺术风格。

家具的装饰形态强化了家具形式的视觉特征，赋予了家具的文化内涵，折射出设计的人文背景，不仅使家具整体形态在室内环境中发挥装饰的作用，并增添了家具单体的装饰内容及观赏价值。

家具装饰的方法很多，总的说来有表面装饰和工艺装饰两种。所谓表面装饰是指将一些装饰性强的材料或部件直接贴附在家具形态表面，从而改变家具的形态特征。如木质家具表面的涂饰装饰、家具局部安装装饰件等都属于这一种。所谓工艺装饰是指通过一定的加工工艺手段赋予家具表面、家具部件一些装饰特征。如板式家具人造板表面用木皮拼花装饰，在家具部件上进行雕刻处理，使其具有一定的图案，在家具部件上进行镶嵌处理，将一些装饰性好的材料或装饰件与家具部件融为一体。

家具装饰可以改变家具的整体形态特征。例如，中国传统家具中的明式家具和清式家具，它们在整体形状特征上区别不大，但后者往往加以奢华的装饰，两者便呈现出不同的形式和艺术风格。

家具装饰部位的形态特征也可以通过局部形态特征反映出来。家具外形上有无装饰元素，其整体形态特征已经有所区别，这是家具装饰形态对整体特征的影响，同时，这些装饰元素可能会以确定的形式如图案、色彩、形状等反映出来，它们本身就是一种独立于家具之外的确定的形态。如雕刻装饰，除了改变家具整体形象外，其雕刻的图案、雕刻工艺本身就是特定的形态。

家具是否需要装饰，这是一个非常复杂的问题。围绕着装饰这个话题，在设计艺术领域已经有了很长时间的争论。"少即是多"是一种基本的观点，主张没有装饰本身就是装饰。"重视装饰"是一种与之对立的观点，主张用装饰来体现设计的意义与内涵，除了注重装饰的形式外，还注意装饰的技巧与技艺。"将装饰与功能等实质意义结合在一起"是大多数人普遍接受的观点。我们反对虚假和无意义的装饰，反对为了装饰而进行的装饰，主张装饰的理性与实质意义。

4.8　家具的整体形态

　　由物体的形式要素所产生的给人的（或传达给别人的）一种有关物体"态"的整体感觉和整体"印象"，就称为"整体形态"。家具作为一种客观存在物质，势必给人留下印象。家具可以是整体环境中的家具，也可以是独立存在的家具，因此，家具的整体形态特征的表现方式有两种：一是家具在室内环境"场"中表现出来的形态特征，即家具在室内环境中的整体形态指的是在所处的某一室内环境中的家具与家具、家具与室内之间的组合、协调与统一所构成的室内环境的整体形态；二是家具自身整体形态设计，即同一家具中的各种形态要素所展现或传达给人的一种有关物体形态的整体感觉和整体印象。

　　整体家具形态设计的基本出发点是从整体协调一致的角度来考虑家具的形态。室内空间形态的构成要素是多方面的，其中家具作为室内空间的主要陈设，对于室内空间的整体形态构成具有决定性的意义。就单独的家具形态而言，由于家具承载着诸多的文化意义，因此对于家具的叙述也不是一件简单的事情。系统设计方法论的基本原理告诉人们，任何设计对象都不是相互孤立的，只有将与设计对象相关的所有因素综合考虑，才能达到设计的真正目的。

4.8.1　点

　　在设计艺术学中，任何形态造型或元素都可以称为点。

　　各种角形、圆形、方形和不规则形体都可以以点形态作为设计要素。点在设计中有开放式和封闭式两种表现形式。开放式的点讲究设计造型在空间布局中的大小、远近和疏密等排列关系，其变化比较灵活自由。封闭式的点使设计造型具有一定的秩序性和规律性，各设计点之间的距离和关系相对一致，具有一定模式化的空间布局规律。1956年家具设计大师乔治·尼尔森设计完成向日葵沙发，该家具使用软包和钢材结合，在钢架结构基础上，固定多个大小一致的圆盘；每个圆盘采用软包结构，外包聚乙烯树脂覆面，内部填充乳胶泡沫材料，使坐面和靠背柔软舒适；每个圆盘排列在具有较强规律性的钢架结构当中，体现了圆点在封闭式空间关系中的合理运用，传递出相对平衡的秩序感。

4.8.2　线

　　线是点的运动轨迹，直线刚直硬朗，曲线柔和优雅。家具设计师运用直线和曲线之间的变化关系，将线条的本质特征用于家具的整体和局部造型，赋予家具造型以形态设计美感。荷兰设计师里特维尔德设计的"红蓝椅"由13根互相垂直的实木构件组合而成，其将黑色线条与红、黄、蓝三色进行分割与重构，与整个设计所传达出来的几何直线美感完美结合，具有很强的雕塑形态空间效果。芬兰设计大师阿尔瓦·阿尔托设计的"帕米奥椅"，将坐面和靠背制作成完整的钢质曲面造型，并将多层模压胶合技术用于家具造型的形态表现中。曲木结构使家具造型更加优美，加强了作品的装饰性的表现。

4.8.3　面

　　由线围合而成构成面。面有圆形、方形、角形、不规则形和曲面等。面在家具形态构成设计要素中主要体现在整体或局部的表面化处理效果上。意大利现代家具设计师亚历山大·门蒂尼（Alessandro Mendini）设计的 Kandi ssi 沙发，其靠背和底座饰面都采用不规则的多边形板材进行处理；将不同造型形态的实木板构件相互组合并衔接，丰富了家具整体造型的多样化形态；运用分割与重构等设计方式，强化家具软包覆面的表象化处理；将抽象画派大师康定斯基的艺术理念贯通家具不规则面板的表面绘画装饰，以加强沙发整体性装饰的特征。

4.8.4　体

体的设计形态可分为实体和虚体，实体家具造型粗犷笨重，虚体家具造型轻巧灵活。家具设计师运用体的形态特征，将其优势发挥到家具设计中。著名家具设计师罗伯特·史蒂文斯设计的梳妆台，使用枫木实木材和金属框架结构相结合，体现了典雅的造型感和细腻的线条感，使家具增添了质朴的特色。梳妆台的整体造型采用虚体和实体相结合，钢架结构的通透性体现家具造型的灵活和轻巧，由实木材组合而成的各抽屉之间造型也不失稳重质感。家具各虚实体块之间的有机结合，体现了家具结构性和功能性的完美统一。

4.8.5　质感

常见的家具材质有木材、藤材、金属、玻璃、塑料等，不同的材质具备不同的色彩、肌理和装饰效果。抓住材质的质感特征，能够加强家具造型的艺术表现力和感染力。英国 S&T Azumi 设计公司运用塑料材质设计桌椅和柜类家具，塑料可塑性强，且塑料质感柔和优雅，能够很好地处理家具造型中的空间关系，使家具呈现出多元化的装饰形态美感。德国家具设计师威纳·阿斯林格综合运用金属和木材、塑料等材质设计新型躺椅，将金属的平滑光泽、塑料的柔和雅致与木材的质朴平淡相结合，尤其突出枫木特有的木纹肌理效果。除此之外，铝木结构、钢木结构和陶木结构等材质搭配组合，也丰富了现代家具设计的表现形式。

因此，了解和掌握形态造型基本要素和构成方法，根据点、线、面、体和质感等形式美法则设计家具的整体造型，能够塑造出完美的家具造型形象，构成多样化的家具样式和风格，使家具造型富有艺术表现力和视觉美感，满足现代人群对家具造型审美的品质需求。

案例与课后习题

【案例】

在东南亚某个国家，人们盘腿坐在地板上比坐在椅子上更常见。这不仅是他们文化中不可或缺的一部分，而且当地人也非常喜欢用这种坐姿！伊朗设计师 Arsalan Ghadimi 汲取了这个国家传统的灵感，创造了 Lunule 椅子，如图 4-14 所示。椅子采用带皮革衬里靠垫与木制框架，融合了盘腿坐的传统。它的圆形形状提供了完美的结构，可以将我们的下半身放在上面，同时还为膝盖和腿部留出了足够的空间！当我们坐着时，能够保持稳固的姿势。可将带软泡沫垫的靠背连接到 Lunule 座椅，并与已经符合人体工程学的座椅搭配使用，从而为我们的尾椎和腰部提供进一步的支撑。

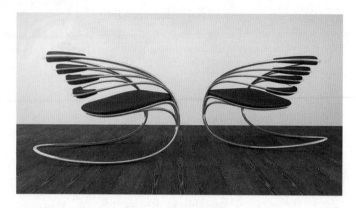

图4-14　Lunule椅子

【课后习题】

1. 详细描述家具造型的构成。
2. 解释色彩在家具设计中的作用。
3. 描述家具色彩在生活中的具体表现。
4. 举例说明生活中的家具设计与色彩之间的联系。
5. 详细描述家具设计的具体程序，并结合家具设计的程序，自己设计制作一种家具模型。
6. 解释家具设计的几项原则。
7. 解释家具设计中色彩的设计原则。

第5章

家具设计的方法和程序

现代家具设计是一个涉及产品前期调研、设计研究、产品研发、生产制造、销售推广、使用与维护，以及回收处理的完整生命周期的"系统工程"。在这个设计过程中设计方法的引领至关重要。掌握家具设计的方法与程序，并将其应用到家具设计中，才能引领家具设计发展的方向。

5.1 家具设计的方法

家具设计的方法通常有模块化设计、逆向设计、模拟与仿生设计、趣味化设计及联想设计等 5 种。

5.1.1 模块化设计

家具模块化设计，是指在通用模块与专用模块的基础上，通过使用标准化的接口而组合成家具的设计方法。也就是说在对家具进行功能分析的前提下，划分并设计出一系列对应的家具功能模块，通过功能模块的选择和组合构成不同形式的家具。因为组合方式不同，所以最终获得的家具形式也不同。因此，模块化设计能迅速实现家具的多样化，以满足市场对家具商品多样化的需求。

第二次世界大战以后，欧洲的重建对家具业提出了生产效率高、标准化、系列化、便于装配且具有良好结合性能的产品的要求。在这种情况下，32 mm 系统应运而生，产生了"部件即产品"的全新概念。它是以单元组合设计理论为指导，通过对零部件的设计、制造、包装、运输、现场装配来完成板式家具产品。20 世纪 70 年代，32mm 系统的逐步成熟与生产设备、五金件及原材料生产的模数化、系统化，使拆卸设计在板式家具生产中获得了前所未有的发展。

5.1.2 逆向设计

逆向设计是把习惯性的思维逆转，从事物的对立面探求出路的设计构思方式，即"原型—反向思维—设计新的形式"。逆向思考的方法使人们得以从绝对观念中解脱，这种构思方法也可以促使设计者获取一定的想象力而创造出新的家具。

5.1.3 模拟与仿生设计

模拟是指较为直接地模仿自然形象或通过具象的事物形象来寄寓、暗示、折射某种思想情感。这种情感的形成需要通过联想这一心理过程，来获得由一种事物到另一种事物的思维的推移与呼应。利用模仿的手法具有再现自然的意义，在家具设计实践中，具有这种特征的家具造型，往往会引发人们美好的回忆与联想，丰富家具的艺术特色与思想寓意。在家具造型设计中，常见的模拟与联想的造型手法有以下三种。

一是局部造型的模拟，主要出现在家具造型的某些功能构件上，如脚架、扶手、靠板等。

二是整体造型的模拟，把家具的外形模拟塑造为某一自然形象，有写实模拟和抽象模拟的手法，或介于两者之间。一般来说，由于受到家具功能、材料、工艺的制约，抽象模拟是主要手法。抽象模拟重神似，不求形似，耐人寻味。

三是在家具的表面装饰图案中以自然形象做装饰。这种形式多用于儿童家具。

仿生设计是通过研究自然界生物系统的优异形态、功能、结构、色彩等特征，并有选择地在设计过程中应用这些原理和特征进行设计，同时结合仿生学的研究成果，为设计提供新的思想、新的原理、新的方法和新的途径。仿生设计学作为人类社会生产活动与自然界的契合点，使人类社会与自然达到高度统一，正逐渐成为设计发展过程中的新亮点。

仿生设计的过程是：生物体—仿生创造思维—新产品、新设计。

例如，仿生设计海葵沙发：圆润造型给人以可爱的视觉体验；符合人体工程学的沙发倾斜角度；采用硅胶材质模拟肌肤的触感。

5.1.4　趣味化设计

在满足基本功能的基础上，增强趣味化设计，能够很好地提升产品的娱乐性，给人新奇的体验。"猴尾巴椅"，如图5-1所示。由不锈钢、木材及皮革三种材料制成，并有适用于儿童和成人的尺寸。尾巴对于多数动物来说是不可或缺的有用器官，用来感知平衡、吸引异性以及表达情感，坐上这把椅子之后，可以获得额外的乐趣。

图5-1　猴尾巴椅

5.1.5　联想设计

联想既是审美过程中的一种心理活动，也是美学、心理学研究的范畴。同时联想这种心理活动又是一种扩展性的创造性思维活动，是创造美的活动中的一种科学思维方法。因此，联想同样可作为家具设计的科学方法之一。具象形态联想设计是最常见的一种联想方法，通过形态的相似性产生的联想设计更容易被大众接受并产生较强的共鸣。

5.2 家具设计的程序

设计方法是解决设计问题的手段，往往由许多步骤或阶段构成，这些设计步骤或阶段就是设计程序。设计程序是有目的地实施设计计划的行为次序，是一个具体的设计从开始到结束的各个阶段有序的工作步骤。当然，各个阶段的划分并不是绝对的，有时会相互交错，有时又需要返回到上一阶段，循环进行。设计方法的存在是为了更好地解决设计问题，设计程序是设计方法的架构，是针对首要的设计问题而拟定的步骤，每一个步骤的设立，必然是针对主要的设计问题而定的。设计程序中的每一个阶段，都是针对不同的问题，因此也就需要不同的方法来解决。

5.2.1 调研分析

家具的新产品开发是一项有计划、有目的的活动，企业生产的产品并不是毫无根据地仅仅凭着设计师的丰富想象力设计出来的。产品的造型设计千变万化，新设计开发的家具想要在市场中具有竞争力，就必须满足消费者的需求，解决家具在不同使用空间、使用状态下，物质和精神需求所遇到的实际问题。只有这样，产品才能有良好的市场反应，才能达到新产品开发的目的。所以，家具设计师必须通过对市场的多方位、多角度的调查和科学的分析与研究，才能准确把握消费者对家具产品的真实需求，如图5-2所示。

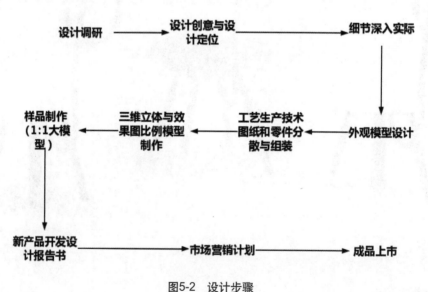

图5-2 设计步骤

调研内容包括消费者调研、现有产品调研、消费行为调研、竞争对手调研、营销调研、市场行情调研等。调研方法包括资料分析法、询问法、观察法等。

5.2.2　草图与构思

在设计过程中，草图不仅可以记录设计思路，同时还可以带来瞬间的设计灵感。所以，勾画草图是一个拓展思路的过程，也是一个图形化的思考和表达方式。这是一个非常重要的步骤，许多精妙的创意就有可能产生于草图中，这不仅有利于设计师自己更好、更深入地了解设计对象，还有利于方案的逐步完善。

草图的表现形式多种多样，根据设计任务的不同阶段，可以把草图分为构思草图和设计草图。构思草图和设计草图有着各自不同的用途和表现形式。构思草图是一种广泛寻求未来设计方案可行性的有效方法，也是对家具设计师在产品造型设计中思维过程的再现。构思草图的主要作用是完成设计构思。设计草图是经过设计师整理、选择和修改完善的草图，是一种正式的草图方案。

在经过了勾画草图阶段后，会得到许多设计创意，方案推敲阶段最重要的就是比较、综合、提炼这些草图，希望能够得到基本成熟的方案。市场需求、功能需求、技术需求、经济需求等不以设计师意志为转移的硬性条件是推敲的重点。

初步方案基本确立后，需要做的就是将草图转化为图纸，从中解决相关的材料、施工方法、结构等问题。方案深化阶段是对原有方案的深化与完善。

5.2.3　设计表达

设计表达是直观地表现出家具艺术效果和施工方法的图纸，分为效果图和施工图，如图 5-3 所示。用文字和图示的方法将家具的设计思想、技术表达等细节说清楚，方便生产和施工。

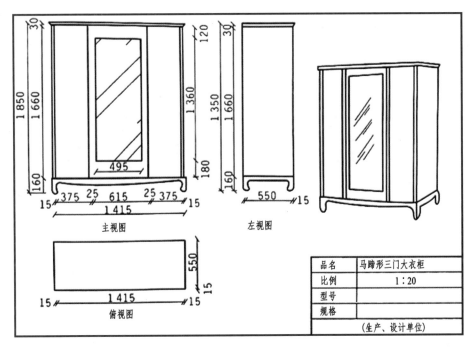

图5-3　家具设计图纸

5.2.4　模型制作

　　家具产品开发设计不同于其他设计，它是立体的物质实体设计，单纯依靠平面的设计效果图检验不出实际造型产品的空间体量关系和材质肌理。模型制作是家具由设计向生产转换阶段的重要一环。最终产品的形象和品质感，尤其是家具造型中的微妙曲线、材质肌理的感觉必须辅以各种立体模型制作手法来对平面设计方案进行检测和修改。

　　设计师经常使用草图模型、模拟模型、外观模型和结构模型。家具模型制作通常采用木材、黏土、石膏和塑料板材或块材，以及金属、皮革、布艺等材料，使用仿真的材料和精细的加工手段，按照一定的比例制作出尺寸精确、材质肌理逼真的模型。模型制作也是家具设计程序的一个重要环节，是进一步深化设计，推敲造型比例，确定结构细部、材质肌理与色彩搭配的设计手段。

　　模型制作完成后可配以一定的仿真环境背景拍成照片，进一步为设计评估和设计展示所用，也利于编制设计报告书的模型章节，模型制作要通过设计评估的研讨与确定才能进一步转入制造工艺环节。

　　3D打印是一场颠覆性的工业技术革命，如今这一技术也开始进入家具制造领域，凭借塑造几何形状近乎无限的能力，3D打印家具产品频频出现。从台灯到躺椅，到吧凳，再到直背椅，3D打印技术重塑了家具概念，如图5-4所示。

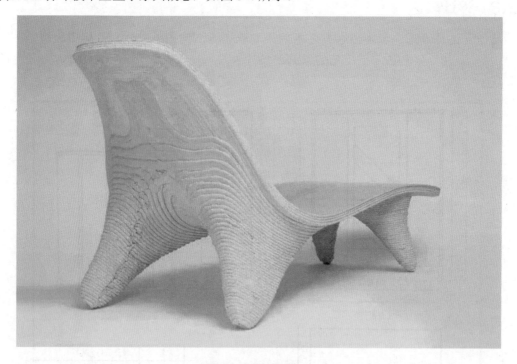

图5-4　3D打印家具

案例与课后习题

【案例】

百年老店

有人这样评价哈克特："他最知道领导一个超过百年的企业是一种什么样的体验。"
Steelcase 公司成立于 1912 年，到哈克特退休的时候正好创建 102 年。

最初，这家公司主要制造钢制的办公用品。它于 1914 年推出了全球第一款金属废纸桶。针对那个时代员工在办公室吸烟的习惯，这款产品解决了纸篓易燃的问题，在当时是一个很大的创新。这也成为公司的第一项专利。

一年后，Steelcase 为波士顿海关大楼设计制造了首款钢制办公桌，为改善这座摩天大楼的办公环境发挥了其独有的作用。到了 20 世纪 60 年代末期，Steelcase 已经成为办公家具行业的领导者。

20 世纪七八十年代，公司进入全盛期，也成为美国制造业黄金时期的模范企业。在 2017 年 10 月《纽约客》杂志上一篇名为《欢迎我们新的机器主人》的文章里，Steelcase 的老员工回忆了甜蜜的往事。那时工厂管理井然有序，车间里工人并排组成生产线，抛光上漆组装各种家具；门口申请工作的人排成长队，人人以能到这里工作为荣；工厂的管理人员开着时尚的豪车，每家都有两套湖景别墅；员工的子女要是愿意暑假来这里实习，那他们的大学学费公司就全包了；厂里还喜欢搞文娱活动，丰富职工生活，一个保龄球比赛都会有 1500 人参加……然而，好景不长，90 年代初的经济衰退带来行业普遍的不景气。

现在回想起来，美国制造业的转折点就是从那个时候开始的，而这成为一个不可逆的趋势。随着全球化的展开以及制造业向低成本国家的转移，这种供求关系的根本转变形成了一个巨大的断层。

公司销量下降，连年亏损，最多一年净亏 7000 万美元。劳资关系开始变得紧张，工会这时候也开始介入了。1994 年，39 岁的哈克特临危受命，被火线提拔为新一任首席执行官。

如何扭转公司的颓势？首先得止血。哈克特打出了一套组合拳。

他在接下来的几年里关闭了一半以上的工厂，辞退了 12000 人，让公司大幅度瘦身。这个过程充分体现了他清醒的头脑和铁腕的风格。

与此同时，他也展示了作为领导者的同理心。要知道这些被解雇的人中很多是他的老同事，他甚至要亲自解雇他婚礼的伴郎。哈克特抱着极大的同情心安抚这些员工，在接下来的几个月里，他坚持每天早上和不同的离职人员吃早饭，尽他最大的努力来帮助他们找到新的机会。

瘦身成功之后的 Steelcase 没有再雇佣更多的人。事实上，随着时间的推移，更多的工厂被关闭。到了 2017 年，公司在美国境内只剩下密歇根的两个工厂和亚拉巴马的一个工厂，海外的生产则全部在墨西哥。

　　与此同时，Steelcase加速了工厂自动化的布局。工业机器人的大量使用提高了效率，减少了对人员的需求。哈克特抓住了从20世纪90年代开始的全球化和数字化浪潮，让Steelcase在家具制造领域又重新确立优势。

【课后习题】

　　设计新中式风格的家具，把中国元素自然合理地融入家具设计当中；绘制思维导图、草图、三视图、效果图等设计表现图，要求图面整洁，表现手法不限；设计说明100～200字。

第6章

儿童家具设计

儿童家具是人们日常生活中必不可少的家具，儿童因其心理和身体因素，所需要的家具和成年人有区别，本章将根据儿童心理和特征进行儿童家具设计分析，并且引入先进和成功的儿童家具品牌进行案例分析。

6.1 儿童生理和心理特征的分析

通过对儿童的生理特征和心理特征进行分析，更有利于做出符合市场的作品设计。

6.1.1 儿童的生理特征

儿童具有如下生理特征：

第一，大脑。大脑神经活动机能兴奋性较高，随年龄增长每天睡眠时间逐渐缩短，对外界刺激反应强烈，适应能力差，抵抗力弱。他们的大脑抑制机能也在不断增强，开始能够调节控制自己的行为。兴奋和抑制转换较快但不稳定，因此，让儿童过分兴奋和过分抑制都是不适宜的。

第二，身高。儿童身体的生长发育是一个不断发展的过程，总的趋势是开始时生长很快，后来生长很慢，其中出现两次猛增现象，称为生长高峰，如图6-1所示。

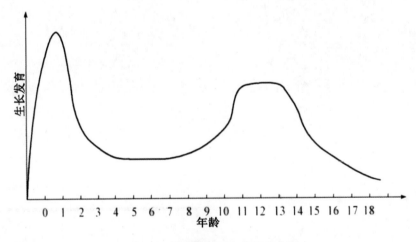

图6-1 儿童身体生长曲线示意图

第三，骨骼。儿童的骨骼正处于生长发育阶段，骨骼成分中胶质较多、钙质较少，骨化过程尚未完成,富有弹性,坚固性较成人差,容易弯曲变形、脱臼和损伤。组织系统未发育完全,肌肉的支撑力相对较弱，很容易出现脊椎骨弯曲，脊柱异常、变形等现象。

第四，肌肉。儿童大肌肉的力量不断增强，小肌肉也有了发展。他们不仅能从事各种运动量较大的跑跳等大肌肉活动，而且能进行使用小肌肉的活动。总体上，儿童肌肉十分柔软娇嫩，极易受到损伤，同时缺乏耐力，易于疲劳。

6.1.2 儿童的心理特征

儿童的心理状态会随年龄的增长体现出不同的特征。儿童活泼好动，特别喜欢游戏、喜欢模仿，将模仿作为学习的途径；好奇心强，心理比较脆弱敏感；有的儿童喜欢群居等，这些都体现了儿童心理上的习性。儿童的心理特征体现在思维、想象和注意力三个方面。

第一，儿童思维的特征。瑞士著名儿童心理学家皮亚杰把儿童的思维发展划分为四个阶段。

一是感知运动阶段（1～2岁）：只能协调感知觉和动作活动，还没有表象和思维。

二是直觉思维阶段（2～7岁）：对事物的认识有了进一步的发展，虽然仍无法靠观念来直接思考，但是能靠自己的观察，经由脑里的精神形象及直觉来提供答案。

三是具体运用阶段（7～11岁）：已经不完全靠自己的直觉与观察来了解一切。可以凭说明、解释、举例来获取许多资料与知识。这些资料与知识必须是具体的事情，对于很抽象的概念则不易理解。

四是形式运用阶段（12～17岁）：进入青春期，青少年的思维方式已经成熟，跟成人相似，懂得试验、假说、推论这类形式化的思考应用。

第二，儿童想象的特征。儿童的内心世界是相当丰富精彩的，他们具备超乎常规的想象力。例如在游戏和观察事物中，他们常常重现故事情节、人物姿态或重现成人生活或影片中个别角色的言语和动作等。想象主要是以形象为特征的，通过丰富的表象，如参观、绘画、幻想、故事、音乐、文艺等实践活动，可以使儿童的想象力得到增强和丰富。随着儿童年龄的增长及认识思维的发展，儿童的创造想象成分增多，0～7岁是小孩创造力发展的巅峰时期。因此，在儿童家具设计中，可以借用儿童喜欢的动画片情景，博取儿童的喜欢，如图6-2所示。

图6-2 卡通动画图案沙发

第三，儿童注意力的特征。首先，儿童天性活泼、好动，注意力容易分散，稳定性较差。这与注意对象的内容有关。儿童对于一些具体的、活动的、鲜明的事物以及操作性的工作，容易集中和稳定注意力，而对于抽象的造型、复杂的含义及单调刻板的对象，就不容易集中注意力。其次，儿童注意力的范围较成年人小。以速示器做的实验证明：儿童平均只能看到 2 ~ 3 个客体，而成人能同时看到 4 ~ 6 个客体。因此不能让儿童同时知觉较多的对象，否则会造成儿童注意力混乱。

6.2 儿童家具设计的原则

儿童家具在设计中要遵循以下原则。

6.2.1 基于儿童生理特征的儿童家具设计原则

第一，安全性原则。

结构安全：家具结构合理，做到稳固、稳定、不破裂。

造型安全：家具的边角要设计成圆角，不可设计成尖角造型，家长还可以根据需要贴上防护角，避免儿童受伤。

材料安全：要选择通过国家质量检验的家具材料，要做到环保无毒，尽量选择硬板床，避免床过软对儿童骨骼造成影响。

配色安全：儿童喜欢鲜艳的色彩，但大面积过分鲜艳的色彩不利于其情绪的稳定，因此在色彩搭配上要注重家具与空间的协调性，不要造成过度刺激，以免产生视觉疲劳。

用电安全：儿童对任何事物都好奇，喜欢通过触觉认识事物，所以电路设置要考虑走暗线，插座设置在隐蔽不易碰触的地方。

第二，人体工程学原则。运用人体工程学原则合理设计儿童家具，才会让儿童在使用时感觉舒服，有益于儿童的健康成长。比例与尺度不合理的座椅、桌子常常容易使儿童疲劳，这就很难让他们快乐地享受阅读、绘画等活动，会降低儿童学习与求知的兴趣。长期使用这种尺度不合适的桌子，会养成不正确的坐姿，以致引起脊柱变形、近视等疾病。

第三，适用性原则。随着时代的发展，儿童的需求也发生着变化，要充分考虑不同成长阶段儿童的特点和需求进行有针对性的设计，创造出新颖别致的儿童家具。要根据不同年龄段配置适应儿童年龄的家具，如学龄前儿童时期主要家具为整理柜、衣柜、玩具柜、储物柜等。

第四，成长性原则。对于成长期的儿童来说，儿童家具最好能够根据身高的变化进行尺寸和功能的调节，使儿童在使用过程中始终处于最佳的生理状态，延长家具的生命周期。

儿童家具应该注重考虑儿童的成长性，在一定范围内可以调节尺寸，以适应儿童的成长需要。

如宜家的布松纳（Busunge）可加长型儿童床，如图 6-3 所示，不仅有耐磨的表面和耐看的设计风格，而且可以持续使用很长时间。该儿童床最小长度为 138cm，最大长度为 208cm，充分考虑了各个年龄段的不同需要，适应孩子的身高变化，伴随孩子成长。

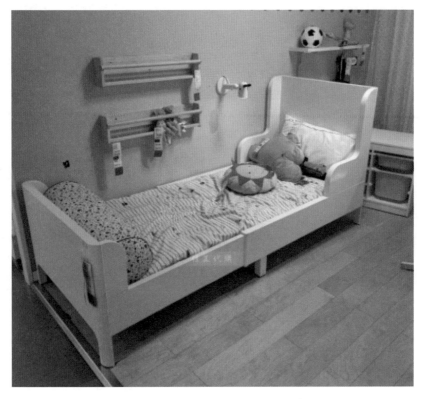

图6-3　宜家的布松纳（Busunge）可加长型儿童床

6.2.2　基于儿童心理特征的儿童家具设计原则

第一，艺术性原则。家具的造型是家具的外在表现，儿童的家具要做到活泼、简洁、大方、明快、象征性强、富有艺术性，切忌出现累赘、烦琐的设计。

第二，益智、趣味性原则。优秀的儿童家具能满足儿童的好奇心，能够让孩子在家具的引导下发挥想象力，活跃思维。所以，儿童家具形态设计要根据年龄特点有一定的趣味性，这样可以满足儿童的好奇心，让儿童在使用家具的过程中学到知识与能力，在家具的使用中培养儿童独立思维与实践的能力。

6.2.3　儿童家具色彩设计

儿童在4个月大时会对颜色产生分化反应，2～3岁能分辨基本颜色，4岁开始认识混合色，5岁能分辨更多的混合色。根据实验心理学的研究，儿童随着年龄的变化，不但生理上会发生变化，色彩所产生的心理影响也会发生变化。儿童大多喜爱极鲜艳的颜色。婴儿喜爱红色和黄色；4～9岁儿童最喜爱红色，女孩尤其喜爱粉色，如图6-4所示，7～13岁的小学生中，男生的色彩爱好依次是绿、红、青、黄、白、黑，女生的色彩爱好依次是绿、红、白、青、黄、黑。随着年龄的增长，儿童的色彩喜好逐渐向复色过渡，向黑色靠近。也就是说，年龄越近成熟，所喜爱的色彩越倾向成熟，如图6-5所示。

图6-4　粉色儿童房间

图6-5　复式颜色儿童房间

6.2.4　儿童家具造型设计

　　儿童家具设计中常见的造型有三种类别，分别为卡通造型、仿生造型及几何造型。卡通造型是儿童家具中常用的手法，大部分卡通图案都是直接运用卡通形象，不做修改，若想提高艺术追求，可以运用简化的卡通符号、对比变化、数字化等方法设计应用卡通元素。几何造型的儿童家具因其外形简洁大方受到家长和儿童的喜爱，在设计中要避免设计尖角，以防对儿童造成伤害。在儿童家具设计中可以利用儿童喜欢自然形态、小动物等特点设计仿生造型的儿童家具。

6.2.5　儿童家具的材质选择

　　实木的儿童家具色泽天然，纹理清晰，造型朴实大方，线条饱满流畅，材质弹性、透气性和导热性好，且容易保养。儿童家具设计应考虑到使用者的安全，国家要求儿童家具上的尖角都要做成圆角，以确保儿童的安全。松木相比其他木种质地偏软，便于倒圆角，虽在木质上不如黑胡桃、乌金木等硬木，但正是因为软，能有效减少安全隐患，才让它成为制作儿童家具的首选，如图6-6所示。

图6-6　松木儿童床

　　板式儿童家具是以人造板为基本材料，配以各种贴纸或木纸，经过封边处理，最后喷漆修饰而成的。板式儿童家具造型性强，易于拆装与组合，色彩选择性更强，能充分满足儿童和家长对个性品位的追求和健康化儿童空间的需要，如图6-7所示。

图6-7　板式儿童家具

6.3　经典儿童家具作品分析

6.3.1　查尔斯·伊姆斯的儿童家具

　　查尔斯·伊姆斯（Charles Eames）是第二次世界大战后美国的一位天才设计师，他受过良好的建筑学教育，精通家具设计、平面设计、电影制作和摄影，多才多艺，充满创造力和灵感。

　　1945年，伊姆斯夫妇结合胶合板与木材模压技术，成功实现了复杂曲面的制造，并且特地为小女儿设计了一款萌萌的小象椅，如图6-8所示。当年因为这款椅子的制造技术繁复，仅生产了两把。2009年为了纪念查尔斯·伊姆斯百年诞辰，以彩色塑料为材料，重新推出了小象椅，其质地轻巧耐用并且稳固安全，同时更适合小朋友在户外嬉戏。

图6-8　查尔斯·伊姆斯的儿童家具小象椅

6.3.2　艾洛·阿尼奥的儿童家具

艾洛·阿尼奥（Eero Aarnio）是芬兰著名设计师，当代最著名的设计师之一。他丰富多彩的职业生涯为人们提供了种类繁多、高质高量的作品。他的设计大都具有浓厚的浪漫主义色彩和强烈的个人风格，宛如来自灵幻的童话世界。他设计的球椅、泡沫椅、香皂椅、番茄椅、小马椅等，成为自 20 世纪 60 年代以来奠定芬兰在国际设计领域领导地位的重要设计作品。

小马椅是由柔韧的聚酯冷凝泡沫包在金属骨架外面构成的，椅子的表面材料是流行的丝绒。这个设计使得产品就如材料一样舒适、有趣，如图 6-9 所示。

图6-9　艾洛·阿尼奥的儿童家具小马椅

艾洛·阿尼奥专为意大利家具制造商 Magis 设计的小狗椅，为中空塑胶材质，圆滑的造型既可爱又安全，可让儿童恣意玩耍，无须担心其受伤；狗狗造型让儿童可以安全地骑在上面，成为儿童最亲密的玩伴，使家中充满温馨的气息。

6.3.3　贾维尔·马里斯卡尔的儿童家具

贾维尔·马里斯卡尔（Javier Mariscal）不仅是一位插画家，也是一位成功的商业设计师、工业设计师与室内设计师。贾维尔·马里斯卡尔的作品不计其数，包括商品设计、字体设计、平面设计、影像动画与产品设计以及雕塑等。

贾维尔·马里斯卡尔在 Magis 也推出过好几款非常受欢迎的儿童家具，包括 Julian 造型椅、Nido 游戏屋（见图 6-10）、Villa Julia 游戏屋、EIBaul 收纳箱、Julian Cat 儿童椅、Piedras 系列家具等。

图6-10　Nido游戏屋

　　ElBaul 是一款造型酷似高尔夫球的收纳箱，长椭圆形的样式，好似孕育重生的蚕茧，由合成塑料制成，小朋友在收纳自己的玩具时，无须担心被弄伤。

　　贾维尔·马里斯卡尔 2006 年设计的童话森林儿童椅，可爱精巧的造型带给人更多美丽的幻想。其背板上刻画着攀爬的藤蔓，让整体画面活灵活现。合成塑料材质，让儿童在使用时更加安全。亮丽的色彩搭配，带给室内空间更明亮的活泼感受。同时，他也推出了童话森林儿童方桌，与童话森林儿童椅相搭配。

6.3.4　奥瓦·托伊卡的儿童家具

　　奥瓦·托伊卡（Oiva Toikka）设计的"市中心"收纳架的创作灵感来自市中心的高楼，五层式的"高楼"、渐进式的收纳柜格，有助于儿童养成良好的收纳习惯。渡渡鸟儿童椅，如图 6-11 所示，以知名度仅次于恐龙的绝种动物渡渡鸟为创作灵感，滚圆的外形和活泼的颜色令人印象深刻。环保无毒塑料制成的圆滑无尖角的安全摇椅，深受家长欢迎。伊甸园衣架色彩斑斓，造型生动有趣，也获得了无数好评。

6.3.5　斯托克公司的儿童家具

　　自从 1972 年斯托克公司推出了彼得·奥普斯韦克（Peter Opsvik）的 Tripp Trapp 成长椅后，Tripp Trapp 成长椅已陪伴了上千万儿童的成长，如图 6-12 所示。Tripp Trapp 成长椅的灵感来自设计师的小儿子 Tor，他发现每次 Tor 坐在家中的餐桌前都要努力寻找一个舒适的位置。那时长高了的 Tor，坐老式儿童餐椅太小，但坐在成人座椅上，Tor 的双腿悬空，要经一番努力才能够到桌面。

图6-11　渡渡鸟儿童椅

图6-12　Tripp Trapp成长椅

　　Tripp Trapp 成长椅是一款智能型设计作品，能让儿童在任何年龄段都拥有符合人体工程学的舒适体验，陪伴儿童度过成长岁月。

　　1993 年，斯托克公司推出了由奥普斯韦克设计的儿童椅——斯蒂椅（Sitti）和由沃尔夫冈·雷贲提茨（Wolfgang Rebentisch）设计的儿童摇椅——希波椅（Hippo）。1999年，斯托克公司推出了一种由格洛恩隆德（Gronlund）和努森（Knudsen）设计的名为"睡椅"（Sleepy）的儿童家具，这种家具可以由一个摇篮变成一张床，变成一组沙发或两把椅子。像获得极大成功的 Tripp Trapp 成长椅一样，这种创新性的设计可以满足儿童成长过程中的不同需要，并且也符合斯托克公司的设计思想——"好的设计就是好的生意"。

6.3.6　宜家品牌儿童家具

宜家采用一体化品牌模式，即拥有品牌、设计及销售渠道。在产品品牌上，宜家把公司的两万多种产品分为三大系列：宜家办公、家庭储物、儿童宜家。

1997年，宜家开始考虑儿童对家居物品的需求，因为市场需求很大，并且这个领域竞争并不激烈。宜家推出的儿童家具造型简单、色彩丰富，深受家长和小朋友的喜欢，如图6-13所示。

图6-13　宜家儿童家具

在宜家展示厅中，设立了儿童游戏区、儿童样板间，在餐厅专门备有儿童食品，所有这些都受到了儿童的喜爱，并让家长满意，使他们更乐意光顾宜家。

【案例】

系列化儿童家具设计

我们通常把相互关联的成组、成套的家具产品称作系列化家具产品。儿童系列化家具设计就是为儿童设计系列化家具产品，如图 6-14 所示。根据我国儿童心理学家的研究成果和长期教育实践经验，儿童群体可分成六个主要阶段，即婴儿期、孩童期、学龄前儿童期、童年期、少年期和青年初期。

系列家具产品的特点是功能的复合化，即在整体目标下，使若干个产品功能具有如下特性：

(1) 整体性。系列家具产品强调风格统一的视觉特征，如材料选用及搭配、结构方式、色彩及涂装效果的统一所体现出的整体感。

(2) 关联性。系列家具产品的功能之间有依存关系，如餐桌与餐椅、休闲椅与茶几、床与床头柜之间存在的家具产品功能间的依存关系。

(3) 独立性。系列家具产品中的某个功能可独立发挥作用。

(4) 组合性。系列家具产品中的不同功能可互相匹配，产生更强的功能。

(5) 互换性。系列家具产品中的部分功能可以进行互换，从而产生不同的功能。

图6-14 系列化儿童家具作品

【课后习题】

围绕"缤纷童年"的主题设计儿童家具外观造型,要求创意独特,构思精巧,表现新颖,充分考虑儿童家具的特点,从造型的安全性、造型的功能性及成长的可持续利用性等多方面进行考虑,设计出符合儿童特点、符合人体工程学要求的儿童家具。

A3 图纸绘制,图面整洁规范,符合国家制图规范,标注材料、尺寸。绘制三视图、效果图,说明家具陈设背景及环境表现设计意图,画面完整,表现手法不限。

设计说明 100 ~ 200 字。

第7章

座类家具设计

纵观古今中外家具发展的历史，座类家具所使用的材料丰富，造型形式多样。如果说家具是时代社会生产力的真实写照，那么坐具则是其中的代表。

坐具是人们使用频率最高、最广泛的家具类型之一。功能特征良好的坐具让人在使用中感到身体舒适，能得到全面的放松和休息。坐具的设计不仅要考虑形式、耐用、经济等方面的因素，同时还要分析人—家具—环境三者之间的相互关系，根据使用者及室内环境的要求，灵活地应用人体工程学的理论、原则、数据和方法，确定满足人类生理和心理需求的家具功能、尺度、造型、用材及配色等设计要素。

7.1　沙发设计

沙发是以木质、金属或其他刚性材料为主体框架，表面覆以弹性材料或其他软质材料构成的坐具。沙发是西方家具史上座类家具演变发展的重要家具类型。最早的沙发是1720年在法国路易十五的王宫建筑沙龙和卧室中出现的伯吉尔扶椅，其在造型上把扶手挺直向前并横向延伸到同坐面相平的椅子，以弹性坐垫为坐面，通体用华丽的织锦包衬，受到了上层社会人士和贵妇人的喜爱，并逐渐变成长椅的造型，迅速地从宫廷走向民间，成为欧洲家庭客厅、起居室的主要坐卧类家具，并普及世界各个国家。

7.1.1　沙发的样式分析

沙发是现代家居客厅和办公空间接待区、会谈区的主要家具。因为使用沙发的人和场合不同，所以人们在生理和心理上对沙发的功能、尺度、体量、形态、色彩等设计要素的要求也各不相同。

伴随着人们审美需求的提高与科学技术的发展，沙发也必须与时俱进，满足人们的生理、心理和审美的需求。沙发的设计趋向个性化、多样化、趣味化以及环保化。

沙发按产品的包覆材料可分为皮革沙发、布艺沙发、布革沙发；按产品使用功能可分为普通沙发和多功能沙发；按照尺寸可分为单人沙发、双人沙发（见图7-1）、三人沙发、长沙发等。沙发已成为家庭必备的家具之一。

图7-1　三人沙发

7.1.2　沙发的基本功能要求与尺度

沙发的功能设计要充分考虑使用者的需求特点。以家居沙发为例，坐感松软，靠背支撑到头部，可以在多种坐卧姿态下使用的沙发，适用于热爱休闲和自由生活方式的中青年，尤其是男士；老年人身体衰弱，行动迟钝，调整坐姿不方便，因此老年人使用的沙发，其座面和靠背都不宜过软，座面倾斜角度不能过大，座高稍低并需设置高度适宜的扶手。沙发的尺度参见表7-1。

表7-1　沙发的尺度

单位：mm

家　具	长　度	高　度	深　度
单人沙发	800～950	350～420（坐垫）、700～900（背高）	850～900
双人沙发	1260～1500	350～420（坐垫）、700～900（背高）	800～900
三人沙发	1750～1960	350～420（坐垫）、700～900（背高）	800～900
四人沙发	2320～2520	350～420（坐垫）、700～900（背高）	800～900
沙发扶手	560-600		800～900

7.1.3　沙发的创意设计

1. 芬恩·尤尔 的设计

丹麦设计师芬恩·尤尔（Finn Juhl）设计的家具受到原始艺术和抽象有机现代雕塑的强烈影响，作品被称为"优雅的艺术创造"。芬恩·尤尔设计的鹈鹕椅，如图7-2所示，源于鹈鹕嘴的形态。鹈鹕有个漏斗一样的大嘴，吃鱼的时候就用这个大嘴在水里捞，捞到的鱼暂时放在"漏斗"里，把水挤出去，再吃鱼。鹈鹕的大嘴成了形式象征，芬恩·尤尔以这个鹈鹕嘴为灵感，设计了两个扶手都像鹈鹕嘴的扶手椅。

图7-2　鹈鹕椅

2. 盖塔诺·派西的设计

盖塔诺·派西（Gaetano Pesce）是意大利设计师中极具天赋的一位。他有多学科的工作背景，包括工艺制作和艺术表现，他的出版物和展览一直是人们关注的焦点和谈论的话题。他的很多作品被法国、芬兰、意大利、葡萄牙、英国和美国等国家的博物馆永久收藏。在20世纪80年代，出色的才华使他成为意大利最不寻常的设计师和艺术家之一。派西完全打破了设计与纯艺术的界限，他把家具制作得像雕塑，并利用纯艺术的创作手法和意境来进行设计艺术的创意，使作品带有别样的艺术趣味，如图7-3所示。1993年，他获得了非常有影响力的克莱斯勒创新和设计奖。派西的作品彰显其情感、触觉品质、奔放的色彩，他坚持开发建筑材料、创新技术，被知名建筑评论家赫伯特·马斯卡姆（Herbert Muschamp）称为"建筑的脑力风暴"。当然，由于其创新的精神和特立独行的风格，他的作品常常引起争议。

图7-3 "纽约日暮"沙发

3. 罗恩·阿诺德（Ron Arad）的设计

Misfits是"错配"的意思，这个系列的沙发可以自由组合，每一款的"洞"在不同的位置，形状也不同，可以自由混搭，由"错配"变成独一无二的组合，如图7-4所示。Misfits是一个由很多不同部分组成的模块化沙发。每一个部分如同浇铸而成的雕塑，把玩空间、体积和固体之间的关系。蜿蜒的曲线如流水般顺滑，营造出波涛起伏的动态氛围，给予使用者最大的舒适体验。整个沙发组合就像一个个大型的棉块，可以独立放置，无须额外支撑，提供了无限的空间组合方案。

Do-lo-rez沙发的基本模块的设计灵感来自像素（图像中的一个最小单位），它是这个设计项目的出发点。一系列高低不同的柔软矩形方块可以任意拼成不同的形状组合，它用一种开放式的、创造性的方式接触艺术世界，如图7-5所示。

图7-4　Misfits沙发

图7-5　Do-lo-rez 沙发

4. 肯尼斯·科托努的设计

肯尼斯·科托努（Kenneth Cotonou）设计的"卡巴莱"（Cabaret，源于欧洲的一种歌剧）系列家具，包括沙发、座椅和桌子等，如图 7-6 所示。这些家具看上去像是用绳子编织而成的，简洁、质朴、优雅。

肯尼斯·科托努设计了一个题为"长发姑娘"的原创家具系列，这个系列具有俏皮和优雅的外观，如图 7-7 所示。长发公主椅子和脚垫使用耐用的钢架，并覆盖着厚厚的软垫。

肯尼斯·科托努运用东南亚常见的竹藤与编织手法，创作出有着浓厚传统气息的现代藤编作品。

肯尼斯·科托努开发新工艺并融入西方现代设计理念，把传统竹藤麻编织设计融入现代生活，创作出的作品具有轻盈与透视之感，如图 7-8 所示。

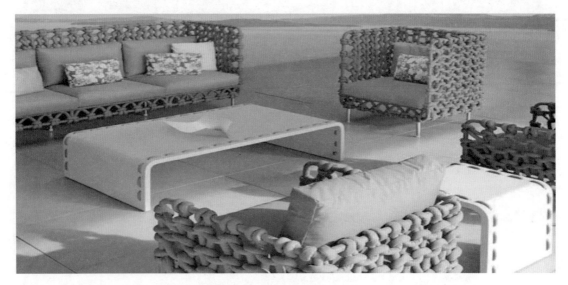

图7-6   "卡巴莱"系列家具

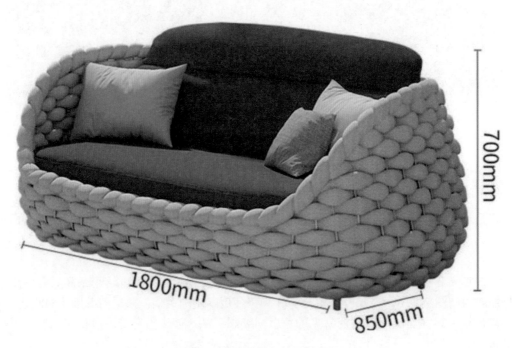

700mm

1800mm

850mm

图7-7   "长发姑娘"的原创家具

图7-8　藤编系列家具

　　下面我们来看一下比较有创意的沙发，如图 7-9 至图 7-14 所示，它们形态各异，每一款都彰显设计师独特的个性。

图7-9　妮帕·多希（Nipa Doshi）和乔纳森·莱维恩（Jonathan Levien）设计的"我的美丽靠背"沙发

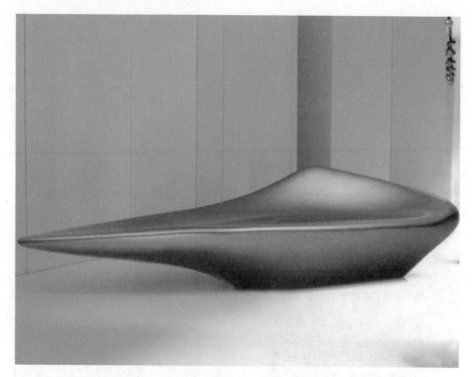

图7-10　扎哈·哈迪德（Zaha Hadid）设计的"勺子"沙发

图7-11　史蒂芬·伯克斯（Stephen Burks）设计的"褶皱"沙发

图7-12　迪特·迈加尔德（Ditte Maigaard）设计的"人格分裂"沙发

图7-13　尤利·伯杰（Ueli Berger）设计的DS-600沙发

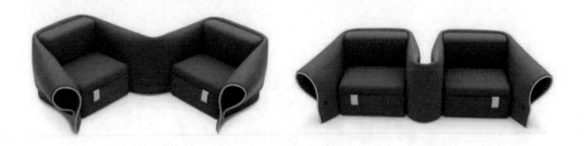

图7-14　埃马努埃莱·马吉尼（Emanuele Magini）设计的多用途概念创意沙发

7.2　办公椅设计

在现代社会人们愈发忙碌，在工作环境中常常需要从个人工作状态马上转变为团队合作状态，工作方式的灵活多变对工作工具也提出相应的需求。

7.2.1　椅凳类家具的样式分析

在家具史上，椅凳的演变与建筑技术的发展同步，并且反映了社会需求与生活方式的变化，甚至可以说是浓缩了家具设计的历史。椅凳类家具包括马扎凳、长条凳、板凳、墩凳、靠背椅、扶手椅、躺椅、折叠椅、圈椅等。

办公椅的种类及特点如下。

1. 按材料分类

（1）实木（全木）办公椅。家具的主体全部由木材制成，只少量配用一些胶合板等辅料，实木家具一般都为榫卯结构，即固定结构。

（2）人造板办公椅（也称板式办公椅）。家具的主体部件全部由人造板材、胶合板、刨花板、细木工板、中密度纤维板等制成，也有少数产品的下脚用实木的。

（3）弯曲木办公椅。其零部件是用木单板经胶合模压弯曲而成，产品线条流畅多变，造型美观，坐卧时舒适，富有弹性，如图 7-15 所示。

2. 按调节方式分类

（1）第一类型办公椅：椅座和椅背角度均可调节的办公椅。

（2）第二类型办公椅：只有椅背角度可调节的办公椅。

（3）第三类型办公椅：椅背、座面和扶手的相对位置、角度均不可调节的办公椅。

图7-15　弯曲木办公椅

7.2.2　椅凳类家具的基本功能要求与尺度

椅凳类家具的使用范围非常广泛，以休息和工作两种用途为主，因此在设计时要根据不同用途进行相应的设计。

1. 休息类椅凳的功能要求

对于休息类椅凳的设计要根据不同的需要做出相应的调整，如在公共场所使用，更多的是要考虑短暂休息使用；如在家庭中使用，除了要考虑休息外，更多的是要考虑使用的舒适程度。休息类椅凳的设计重点，还要考虑椅凳的合理结构、造型以及座板的软硬程度。

2. 工作类椅凳的功能要求

对于工作类椅凳的设计要根据不同的需要做出相应的调整，如短时间工作使用，更多的是要考虑造型和软硬舒适程度；如长时间工作使用，除了要考虑座板的软硬舒适程度外，还要考虑靠背形状和角度，从而使工作者保持旺盛的工作精力。

办公椅尺寸如表 7-2 所示。

表7-2　办公椅尺寸

参数名称	男	女	参数名称	男	女
座高（mm）	410～430	390～410	靠背高度（mm）	410～420	390～400
座深（mm）	400～420	380～400	靠背宽度（mm）	400～420	400～420
座面前宽（mm）	400～420	400～420	座面后宽（mm）	300～400	380～400
靠背斜倾度	98°～102°	98°～102°			

7.2.3 办公椅创意设计

乔治·尼尔森（George Nelson）在 1953 年指出："所有真正的原创思想、所有的设计创新、所有新材料的应用、所有家具的技术革新都可以从重要的典型椅子中发现。"在当代，没有任何一个领域在人体工程学的应用发展和进步方面能超过椅子。在现代办公座椅的设计与制造方面，特别是在先进技术的研究与应用方面，当代的设计师创造了许多符合人体工程学、美观、舒适又能提高工作效率的办公座椅。

约里奥·库卡波罗是芬兰现代著名的设计大师，他是第一位将人体工程学引入椅子设计的设计师。他设计的作品简洁、质朴、高雅、架构暴露，充分体现了北欧简约的风格。他将生态学、人体工程学、美学列为椅子设计要素，希望设计的产品能够可靠、耐用、舒适、环保。1965 年他利用塑料成型技术设计了卡路赛利椅，如图 7-16 所示。1978 年他又设计了费西奥椅（Fysio Chair），使以人体工程学为设计基础的办公座椅成为一种趋势。他认为"座椅也应当尽量如人体一样柔美，应该是人体的反射镜"。库卡波罗曾获众多的国际、国内设计大奖，并开创了广泛使用钢、胶合板及合成塑料的新型现代设计。

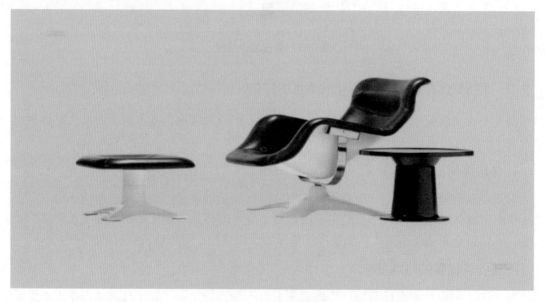

图7-16　卡路赛利椅

Verte 办公椅的背面看上去很像人的脊柱，它由可以弯曲的弹簧连接，当人背靠着的时候，它会变形到最适合背部的状态，如图 7-17 所示。

赫曼·米勒（Herman Miler）公司推出的 Aeron 椅，如图 7-18 所示，得到了人体工程学办公椅胜利奖，它是唯一一个采用薄膜制作的座椅。这样的非凡材料具有良好的通风散热功能，能使体重均匀分配，完全释放脊椎压力。

Acuity 椅可为任何环境或使用者增添吸引力，其设计既融入了意大利人的时尚触觉，又体现出匠心独具的体验。Acuity 椅的设计与人体工程学配合得天衣无缝，使用者只凭直觉即可掌握操作方法。设计师将各种无关紧要的元素从设计中剔除，只留下纯粹的表现形式，令优雅的 Acuity 椅赏心悦目，如图 7-19 所示。

图7-17　Verte办公椅

图7-18　Aeron办公椅

图7-19　Acuity椅

　　Spina 椅紧贴脊背，全方位撑托，融合工匠精神与创新精神，成就了新一代办公座椅。Spina 椅舒适贴心、让人"落座如归"的奥秘，就在于两大独创设计——"被动滑垫"和"主动腰托"。两者协调联动，无论使用者变换何种姿势，办公椅都能自动响应，紧托腰部与骨盆，给予舒适的支撑。落座时，坐垫随身体凹陷并向后滑动，椅背向前凸起，紧托腰部；离座时，坐垫微微前凸，助力使用者轻松起身，如图 7-20 所示。

图7-20　Spina椅

案例与课后习题

【案例】

在现代社会人们愈发忙碌，在工作环境中常常需要从个人工作状态马上转变为团队合作状态。工作方式的灵活多变对工作工具也提出相应的需求。为应对这种需求，Studio 7.5 的设计师着手设计了一款高性能座椅，能为处于连续运动状态的员工提供支持。椅随人动，Mirra 2 办公椅带给用户人椅合一的自如体验，如图 7-21 所示。就座后，椅座和椅背立即调节适应个人的身体。动态表面使 Mirra 2 办公椅对用户身体最轻微的移动也会产生敏锐的反应，并做出简单、直观的调节，实现身体与座椅的完美贴合。

图7-21　Mirra 2椅

Mirra 2 办公椅采用反应灵敏的板簧设计，无论使用者的身高和体型（41 ~ 159kg）如何，在变换姿势时，均会带给使用者平衡顺畅的感觉。要支撑就座状态下的移动，首先要有能够让使用者的身体自由和自然移动的灵活且具有支撑性的设计。Mirra 2 办公椅的环状靠背能够提供扭力弯曲，让使用者可以横向伸展身体，能够让使用者在后仰时感到顺畅和平衡。

Mirra 2 办公椅和凳子具有两种靠背选项，从而可以适应多样化的人群和应用场合。反应超灵敏的蝴蝶形靠背是一种动态混合结构，相当于一个悬架支撑薄膜，靠背不含织物层，能满足严格的清洁要求。Mirra 2 靠背的尺寸、外形和开孔图案创造出能支持人体就座时的健康移动的支撑区域。蝴蝶形靠背透气性好，同时反应灵敏准确，能在使用者移动时提供动态支撑。两种靠背都很透气，能够让使用者感觉凉爽，且两种靠背都能让使用者的脊椎在就座时保持自然健康的曲线。

【课后习题】

1. 收集家具大师经典作品并做详细分析。

2. 考察办公空间，并对空间环境进行分析，进行办公座椅设计。

要求有鲜明的主题来源和明确的定位，充分考虑人体工程学的要求，符合"舒适性、功能性、安全性"的基本原则。

A3 图纸绘制，图面整洁规范，符合国家制图规范，标注材料、尺寸。绘制三视图、效果图，说明家具陈设背景及环境表现设计意图，画面完整，表现手法不限。

设计说明 100 ~ 200 字。

第8章

桌类家具设计

　　桌子作为普通的日常用具在人们的生活空间中无处不在，它是为了适应人们起居方式的改变而出现的高形家具，并且要和椅子或凳子配套使用。唐以前没有桌子，因为人们席地而坐的生活方式不需要桌子，使用的是低矮的几和案。桌子的起源一般认为是在唐代，唐代虽无"桌"名，但在传世的唐代名画中能看到桌子的使用情况，如唐代《宫乐图》中画有一长方桌，唐代卢楞柳所画的《六尊者像》中也有带束腰的桌案。"桌子"之名，始于宋代，南宋沙门济川所作的《五灯会元·张九成传》中"公推翻桌子"便是证明。宋代桌子已出现束腰、马蹄、云头足、莲花托等装饰手法，结构上使用了牙头、罗锅、矮老、霸王、托泥等结构部件。明清时期，因居室建筑的发展，出现了样式更多、用途不同的桌子。不过明代桌子的普及率低于案，一些名为"桌"的家具其实是"案"，如酒桌。清代桌子的普及率超过案，带多个抽屉的书桌逐渐多起来，晚清时受西洋家具的影响，已具有现代书桌的形制。

8.1　写字桌设计

　　随着时代的发展，桌子的设计也在最大限度地发挥其功能并成为生活空间的有机组成部分。

8.1.1　桌类家具样式分析

1. 按构成分类

桌类家具按构成可分为单体式、组合式、折叠式和重合式。

（1）单体式。单体式桌子是使用功能完整的单件家具，如图8-1所示。

图8-1　单体式桌子

（2）组合式。组合式桌子由两个或两个以上部件或单体组合而成，如图 8-2 所示。

图8-2 组合式桌子

（3）折叠式。可折叠的工作桌，如图 8-3 所示。

图8-3 折叠式桌子

（4）重合式。可叠落的桌子。

2. 按种类分类

桌类家具按种类可分为写字桌（办公桌）、餐桌、梳妆台、会议桌和边桌。

（1）写字桌（办公桌）：以人体工程学为依据，使其满足人的活动要求。为了便于书写与阅览，桌面可以设计成斜面。在构造设计上，除固定形式外，也可以采取部件组合，由金属支架与木制部件组装而成，如图8-4所示。

图8-4　写字桌

（2）餐桌：桌面的形状多为圆形、方形和椭圆形。餐桌的基本类型有单体式、固定式和组合式，如图 8-5 所示。

（3）梳妆台：是供人们整理仪容、梳妆打扮使用的台桌家具。梳妆台的设计可分为四种类型：桌式、柜式、台式和悬挂式，如图 8-6 所示。

（4）会议桌：体积庞大，通常是所有办公家具中最昂贵的，如图8-7所示。在用料上，其他家具所用的材料都可以单一或混合使用在会议桌的制作中。在尺寸上，制造商提供的常规尺寸若不能满足空间或者使用要求，最好采用定制的方式，由设计师提供图纸，再由制造商在车间完成制作。

图8-5 餐桌

图8-6 梳妆台

图8-7 会议桌

（5）边桌：是家庭专门用来摆放一些小物件的小桌子，如图 8-8 所示，如果将它的功能发挥得恰到好处，可以避免空间的杂乱无章。

图8-8 边桌

8.1.2 桌类家具的基本功能要求与尺度

1. 坐式用桌的基本功能要求与尺度

1）桌面高度

桌子的高度与人体动作时肌体的形状及疲劳有密切的关系。经实验测试，过高的桌子容易造成脊椎侧弯和眼睛近视；桌子过高还会引起耸肩、肘低于桌面等不正确姿势，以致肌肉紧张、疲劳。桌子过低也会使人体脊椎弯曲扩大，造成驼背、腹部受压，妨碍呼吸和血液循环，造成背肌的紧张收缩等，也易引起疲劳。因此，正确的桌高应该与椅面高保持一定的尺度配合关系，即桌面高度在 680～760mm，桌面与椅面的高差在 250～320mm。

根据人体的不同情况，椅面与桌面的高差值可有适当的变化。如在桌面上书写时，高差＝ 1/3 坐姿上身高－（20～30）mm，学校中的课桌与椅面的高差＝ 1/3 坐姿上身高 -10mm。

桌面高可分为 700mm、720mm、740mm、760mm 等规格。在实际应用时，可根据不同的使用特点酌情增减。例如，设计中餐桌时，考虑到中餐进餐的方式，餐桌可高一点；设计西餐桌时，要考虑西餐使用刀叉的便捷性，将餐桌高度降低一点。

2）桌面尺寸

桌面的宽度和深度应以入座时手可达到的水平工作范围以及桌面可能放置的物品的类型为基本依据。如果是多功能的或工作时需配备其他物品，还要在桌面上增添附加装置。阅览桌、课桌的桌面最好有约 15° 的倾斜，这样能使人获得舒适的视域和保持身体正确的姿势。但在倾斜的桌面上，除了放置书本外，不宜放置其他物品。

2. 立式用桌的基本功能要求与尺度

立式用桌主要是指售货柜台、营业柜台、讲台、服务台及各种工作台等。站立时使用的台桌高度是根据人体站立姿势的曲臂自然垂下的肘高来确定的。按照我国人体的平均身高，立式用桌高度以 910～965mm 为宜。若需要用力工作的操作台，其台面可以降低 20～50mm。

立式用桌的桌面尺寸主要是依桌面放置物品的状况及室内空间和布置形式而定，没有统一的规定，根据不同的使用功能做专门设计。

立式用桌的下部不需要留出容膝空间，因此桌的下部通常可做贮藏柜用，但立式用桌的底部需要设置容足空间，以利于人体靠紧桌子。这个容足空间是内凹的，高度为 80mm，深度在 50～100mm。

3. 多柜桌的要求与尺度

双柜桌的两侧柜体可以是连体或组合体，如表 8-1、图 8-9 所示。

表8-1　双柜桌尺寸

单位：mm

桌面宽B	桌面深T	中间净空高H₃	中间净空高B₄	侧柜或抽屉内宽B₅
1200～2400	600～1200	≥580	≥520	≥230

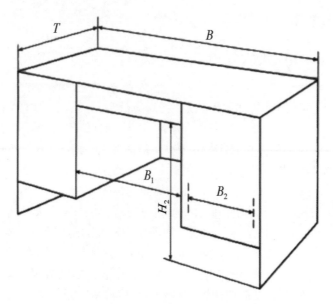

图8-9　双柜桌示意图

8.1.3　写字桌的创意设计

法国家具设计师弗朗索瓦·德拉萨特（Francois Dransart）设计的超模块化收纳写字桌，试图用各种极为周到的细节，来满足整洁强迫症患者各种极端的需求，而最终的效果相当令人满意，无论是各种电线还是笔、文档之类的办公用品，几乎都能找到一个合适的位置收纳，从而让台面上清爽无比，如图8-10所示。

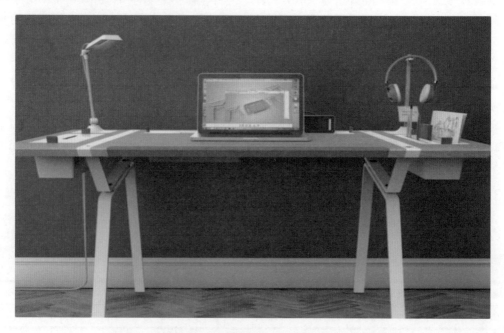

图8-10　弗朗索瓦·德拉萨特设计的超模块化收纳写字桌

图8-10 弗朗索瓦·德拉萨特设计的超模块化收纳写字桌（续）

　　荷兰建筑设计师阿加塔和阿雷克·塞里丁（Agata 和 Arek Seredyn）夫妇为荷兰 Rafa-kids 设计的一款 K 形桌子，极致简约的外形给人以舒适的视觉体验，如图 8-11 所示。K 形桌可以在两种不同的状态下使用，一种是在关闭状态使用，另一种是将桌面盖子掀开后使用：盖子背面可以粘贴图画、照片、备忘录，而存储柜则可以存放笔记本、iPad、文具等用品。从侧面看，桌子就是一个大写的 K。桌子上设计了一个盖子，这个盖子创造了更多的可能性，当它扣上时儿童们可以将自己的小秘密、小宝贝隐藏起来；当它打开时，就是一个绘画作品的展示板。

图8-11 K形桌

K 形桌在设计上十分安全，选用了芬兰桦木胶合板和木材作为主要材料。盖子开合处选用铰链，可以保护孩子的手指，更减少了噪声。外表没有可见的螺丝，同样起到保护作用。另外，黑、白、原木色三种颜色可以根据孩子们的喜好来选择。

皮耶兰德雷事务所设计的 Beta Workplace System 的绿色概念办公室家具组合，如图 8-12 所示，获得了德国红点设计大奖，设计师在色彩上采用了清爽的绿色和干净的白色相搭配，在结构布局上使得整个办公系统更加开放，并且可以让办公人员在不同的阶段进行自由的组合，换换视觉感受。一个良好的办公环境肯定是可以提高工作效率的，该组合以绿色植物的枝叶为概念造型，结合先进的技术与可再生的材质，全力打造出适合办公的环境。整个组合主要由台面、支架以及配件构成，目的是产生出最大的空间以及给人们带来最好的享受。

图8-12　绿色概念办公室家具组合

8.2 茶几设计

茶几类家具包括小桌、矮几和一些临时用的桌几等，由矮小的桌或柜类家具构成。《说文解字》中谈道："几，坐所以凭也。"几在古时是凭倚之具，为长者、尊者所设，放在身前或身侧，也可以说是靠背的母体。后逐渐发展出琴几、花几、香几等种类。茶几是从清朝开始盛行的家具，是从香几的形式发展而来的，体量较小，一般分上下两层，放在两把椅子中间。

现代家庭中的茶几主要源于欧美国家。在现代家庭生活中，各种电器的广泛使用，衍生出很多现代家具，茶几便是其中一种。茶几在英文中叫"coffee table"，原本与中国古代的茶几一样属于高桌，在欧美国家主要用于客厅中，后来经过与人们的生活习惯结合，发展成为低矮的、放在客厅中沙发与电视机之间用于置物的家具。在国外，由于其在客厅中的使用需求主要为摆放及储存物品，因此，在功能上并没有较大的革新，主要针对材料、结构、色彩等进行创新。

8.2.1 茶几类家具的样式分析

几在古代是人们席坐时凭倚用家具，发展到今天，几的功能发生了很大变化，成为陈放物品和装饰家居不可缺少的家具。按用途，几可分为凭几、香几、花几、茶几等。

1. 凭几

凭几是古时供人们凭倚而用的一种家具，形体较窄，高度与坐身侧靠或前伏相适应，具有缓解久坐疲劳、稍作倚靠的功能。凭几是席坐时代的一种重要家具。凭几造型不一，早期多为两足，几面平直中间微凹，在魏晋南北朝时期最为盛行，此时凭几已变为三足，呈曲形，所以也称"三足曲木抱腰凭几"。三足凭几到宋元以后就很少见了，但在一些游牧民族中尚有使用者，这种凭几正适合游牧生活的需要，因此被保留了下来，如图8-13所示。

图8-13 清代金漆三足凭几

2. 花几

花几根据几面的形状和高低可分为两种造型：一种是传统的正圆、正方、六角形、八角形，大致高度在 1.5m 以上，如图 8-14 所示；另一种是根据天然材料本身的形状，简单雕琢，不失自然，如树根经过工艺处理后制作成的台几，没有固定统一的形式，源于自然又突破自然，具有稚拙、淳朴的特色。同时，也有根据个人需求制成的各种茶几类家具。

图8-14　清代花几

3. 茶几

1）根据用途分类

茶几根据用途可分为桌式茶几和柜式茶几。桌式茶几比较简单，只能提供置物的功能，其造型也只是简单的上平面下腿的结构，如图 8-15 所示；柜式茶几结构较为复杂，可以满足人们多样的需求。

图8-15　桌式茶几

从色彩上说，茶几多为木色、白色和黑色。茶几一般放在居室空间的中心位置，要同其他家具相互配合，不能太孤立。茶几使用这些颜色容易同整个环境融合。在现代家居中，茶几的设计既有对以往传统的承袭，同时又注重复合材料的运用及多种材料的组合，款式多样，造型丰富。茶几已不再是其他家具的附属品，而有自身的个性与风格，在家居气氛营造中具有画龙点睛的作用。

2）根据材质分类

茶几根据材质可分为木质茶几、大理石茶几、玻璃茶几、藤竹茶几和金属茶几。

（1）木质茶几

木质茶几采取天然木材制作，让人们有亲近大自然之感，其精致的工艺、温和的色调、温润的触感，可以和一些风格沉稳大气的家具搭配使用，如图8-16所示。

图8-16　实木材质茶几

（2）大理石茶几

大理石茶几可以在上面烧开水，噪声小，台面不会爆裂，卫生安全，简单实用，如图8-17所示。

（3）玻璃茶几

玻璃材质的茶几具有清澈透明的质感，而且在室内自然光线的照射下，具有立体感，能够让视觉空间变大，显示出朝气和活力。玻璃茶几有两种：一种为热弯玻璃，高温热弯后进行钢化，有优美流畅的外形，整个茶几都是用玻璃材质制成。另一种是台面为钢化玻璃，搭配外观精致的电镀仿金配件，或采用静电喷漆的不锈钢架子制成。这种玻璃茶几因为价格便宜，质量也很好，所以也是日常生活中最常见的一种茶几，如图8-18所示。

图8-17 大理石材质茶几

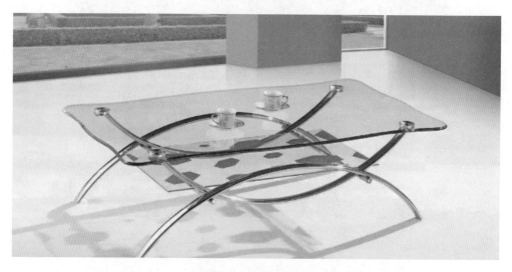

图8-18 玻璃材质茶几

（4）藤竹茶几

藤竹茶几可以体现人们对自然的一种向往，其风格沉静古朴，可以和木质沙发或藤制沙发等家具搭配使用，如图 8-19 所示。

（5）金属茶几

金属茶几的台面是实体金属面材，无缝隙、不渗水。金属材料无辐射、无毒且环保，可以和食物直接接触，而且对油渍、细菌等有很强的抵抗力，又容易清理。金属耐高温、坚固实用又不易变形，柔韧性和可塑性都很好，可加热弯曲成型，可以做出多种造型。

图8-19　藤竹茶几

8.2.2　茶几类家具的基本功能要求与尺度

1. 茶几的功能要求与设计形式

茶几是近代家居生活衍生出的家具种类，一般在客厅中使用。在茶几的设计上，目前较多的只处于外观设计的层面。随着时代的变化，用户产生出不同的使用需求，茶几应根据现代人的生活习惯做出相应的设计。有相当一部分家庭以茶待客，由于对饮茶的需求不一，用户使用的器具也有所不同。一般的茶几设计中较少涉及用户饮茶的需求，所以用户在使用茶几饮茶时常遇见各种问题，感到诸多不便。在国内的市场上，用于饮茶的桌几的设计主要分为四种形式。

1）艺术性较高的茶桌

如根雕茶桌，造型不一，需要根据材料本身的造型特点进行打磨设计，再赋予功能，一般为孤品，难以进行批量生产。其以艺术观赏为主，缺乏实用功能，用户使用时限制比较大，难以进行其他的功能叠加，如图 8-20 所示。

2）平面式茶桌

平面式茶桌主要是以材料、结构、美学等作为出发点，材料以木材、竹材为主，一般没有被赋予特定的功能，用户可根据自身的需求划分功能区域，使用的自由度较大。但是在饮茶时，用户需要自行安排各种器具位置，所以要求用户有一定的审美能力，否则会造成桌面混乱。

3）茶盘式茶桌

茶盘式茶桌一般将茶盘与茶桌相结合，在桌面上预先设计好茶盘的大小、样式及位置，用户一般难以对茶盘进行更换。由于茶盘是饮茶过程中最主要的器具，其涉及茶桌的排水系统，一般的茶几难以解决这个问题，这种设计主要解决了茶盘排水的问题，与平面式茶桌使用情况一样，也需要用户具备较强的审美能力。

图8-20　根雕茶桌

4）根据用户的使用行为设计的茶桌

这种茶桌主要根据用户饮茶的行为进行设计，材料比较多样，除了较为常见的木材外，还有玻璃、金属、塑料等材料，颜色也较多，结合用户的使用习惯，如桶装水放置、水桶摆放等，功能设计较为完善。但这类设计以整合为主，用户不能根据个人需求进行调整，针对的人群较为固定。

2. 茶几的尺寸分析

茶几的尺寸分析见表 8-2 所示。

表8-2　茶几的尺寸分析

单位：mm

型　制	形　状	长　度	宽　度	高　度
小型茶几	长方形	600～750	450～600	380～500（380最佳）
中型茶几	长方形	1200～1350	380～500或600～750	430～500
	正方形	750～900		
大型茶几	正方形	900、1050、1200、1350、1500		330～420
	圆形	直径：150、900、1050、1200		330～420

8.2.3　茶几类家具的创意设计

荷兰设计师罗伯特·范·安布瑞克斯（Robert van Embricqs）设计的可升降茶几，不仅机关巧妙，外观也富有装饰性。可升降茶几的功能与审美完美结合，实用并且独特，创新的铰链系统保证了茶几重量轻、易于变形且坚固。

荷兰设计师雷纳·德·容（Reinier de Jong）设计的 Rek 咖啡桌，满足了在不同场合下的不同用途，不仅可以把咖啡桌扩展开，便于放更多的东西，而且不用的时候，也可以很方便地收起来。Rek 咖啡桌采用橡木或榉木的实木复合板材，细节相当微妙，如图 8-21 所示。完全折叠尺寸是 60cm×80cm，打开后最大长度为 170cm、最大宽度为 130cm。

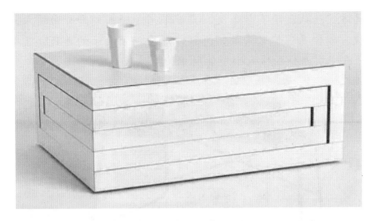

图8-21 Rek咖啡桌

吕永中设计的"徽"系列套几，如图 8-22 所示，由三个大小不一的柳桉木茶几依次套在一起，像翘头案一样微微卷起的桌沿是受到徽州民居屋檐的启发，表达出典雅的文人气质。与传统套几相比，"徽"系列套几的形式更为简洁和直率，两侧板腿与台面连为一体，整体感强。板腿底部有切削出来的短小的足，使得原本单调的板腿变得活泼了，可以说设计师借用经典的建筑形式，赋予了家具独特的文化内涵。

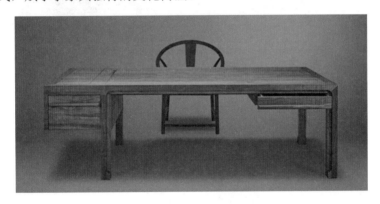

图8-22 "徽"系列套几

【案例】

丹麦设计师弗雷德里克•亚历山大•维尔纳（Frederik Alexander Werner）设计的这款桌子，如图 8-23 所示，是为了个人办公使用，在可以滑动的桌板下面，有一个抽屉、文件隔间和可移动式盒子。文件隔间还设置了纸张存放处与工具存放处，一些零碎的小物件则可以放在可移动式盒子里，既方便寻找，还不易丢失。桌子采用了坚固的丹麦白蜡木，表面覆以用纳米技术制作的层压板，配合黑色粉末涂层钢框架，既保证了桌子的美观，又很坚固耐用。桌子整体很小巧，适合在小型办公区域或小型住所中使用。

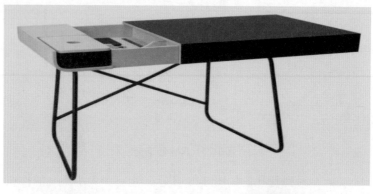

图8-23　办公桌设计

【课后习题】

1. 收集具有创新、美感的写字桌并分析其创意、材质、色彩等。

2. 考察家具市场，测量并记录写字桌尺寸，进行写字桌设计。

尺寸设计合理，遵循创新性、安全性、舒适性的基本原则。

A3图纸绘制，图面整洁规范，符合国家制图规范，尺寸标注规范，标注材料、工艺。绘制三视图、效果图，说明家具陈设背景及环境表现设计意图，画面完整，表现手法不限。

设计说明100～200字。

3. 考察家居空间、办公空间，并对空间环境进行分析，进行茶几设计。

要求有鲜明的主题来源和明确的定位，充分考虑人体工程学的要求，符合舒适性、功能性、安全性的基本原则。

A3图纸绘制，图面整洁规范，符合国家制图规范，标注材料、尺寸。绘制三视图、效果图，说明家具陈设背景及环境表现设计意图，画面完整，表现手法不限。

设计说明100～200字。

第9章

床类家具设计

床的历史悠久，其造型特征与时代背景息息相关。随着时代的变迁，现代床的特征主要表现为种类繁多和新材料的不断应用，以及人们对床的健康和舒适度的要求。床的流行趋势主要表现在床头的造型，床的材料、尺寸和床头柜的变化等方面。从家具发展状况来看，现代家具的设计正趋向技术上先进、生产上可行、经济上合理、款式上美观和使用上安全等。当今的家具设计界越来越认同并接受一种新的设计观念，即设计新家具就是设计一种新的生活方式、工作方式、休闲方式和娱乐方式。越来越多的设计师对"家具的功能不仅是物质的，也是精神的"这一理念有更多、更深的理解。现代床的设计正朝着实用、多功能、舒适、保健和装饰性等方面发展。总之，风格上不断变化，功能上不断更新，工艺技术上不断完善，正是我国床具设计的发展方向。

9.1 单层床设计

床在人们的日常生活中扮演着很重要的角色。自古至今，床的种类、款式和造型、尺寸发生了很大的变化，每一种变化都体现了时代的审美观和习俗。

9.1.1 单层床的样式分析

床有很多种类型，合适的尺寸可以让人们在休息时身心得到更大程度的放松。人的一生大约有 1/3 的时间是在床上度过的，所以选择一款舒适的床对于每个人来说都是至关重要的，保持良好的睡眠是拥有好心情的先决条件。

1. 沙发床

沙发床在家居中很常见，它是一种比较灵活的床，是可以变形的家具，可以根据不同的室内环境要求和需要对家具本身进行变换。其白天可以作为沙发，晚上打开就可以当床使用。沙发床是现代家具中比较方便的小空间家具，是沙发和床的组合，如图9-1、图9-2所示。

图9-1　沙发床（1）

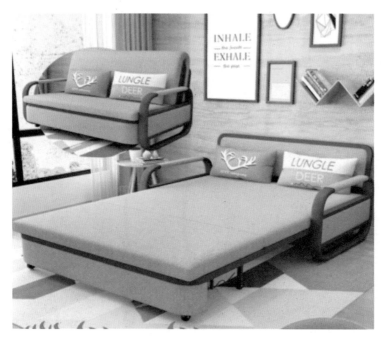

图9-2　沙发床（2）

2. 平板床

平板床是一般常见的样式，它主要由基本的床头板、床尾板加上骨架组成，如图 9-3 所示。虽然简单，但是床头板、床尾板却可营造不同的风格，并且可以依据需要延伸出种类繁多的造型设计。

设计师玛丽奥·贝里尼（Mario Bellini）于 2007 年设计的名为 Grand Piano 的床，被称为舞台上的双人床。其琴架造型让整个床具看起来灵动、浪漫、舒适，同时，曲线形的侧板也可以用作座位或架子，兼具多功能用途。

图9-3　平板床

3. 四柱床

四柱床源自欧洲贵族,它的装饰手法随时代更迭呈现出多样化风格,造型趋于厚重、稳健,加上烦琐的图案纹样,使床具增添了无穷的浪漫想象空间。其中最典型的部分在于古典风格的四柱上有代表不同时期风格的繁复雕刻,如图9-4所示。

图9-4　古代四柱床

现代风格的四柱床造型延续了古典风格四柱床的框架形式,在装饰手法上更简洁,并可借由不同花色布料的使用,将床布置得更具个人风格,如图9-5所示。

图9-5　现代四柱床

9.1.2　床的材料和基本构造

1. 床的一般材料

要研究床具的材料,就要从床具的发展史开始。原始社会时期,人类利用植物的枝叶、兽皮等铺垫而成的"床铺"睡觉,当人类掌握了编织技术后便开始睡"席子",再后来床就出现了。据史料记载,我国的床起源于商代,到了明清两代,随着工艺技术的进步,床的外观造型也得到了相应的发展,比如材料更加厚实,其装饰之烦琐也达到了登峰造极的程度。清代的床具大多采用雕花镶嵌以及金漆彩油等手法,镶嵌多以玉石、玛瑙、瓷片、大理石、螺钿、珐琅、竹木、牙雕等为材料。

床的材料可以反映出当时的生产力发展水平。当代床具有由天然实木、细木工板、密度板等为材料的木质床具,有由竹条、藤条、秸秆等为材料的竹藤床具,也有由铁、铝、不锈钢等为材料的金属床具,还有由布、海绵、皮等为材料的软体床具等。

床具的材料选择主要考虑的因素有加工工艺、外观造型、材料质感、经济性以及床具具体部位所需强度等。

2. 床的基本构造和相关配套设施

单层床有四个可见部分,即床头板、床尾板、床侧板和床铺板;还有不可见部分,即纵梁系统或床体狭槽,可以支撑弹簧床垫以及其他床垫等。具有典型特征的矩形床具有四个角,它们接触地面并支撑床垫重量。

1)床头与床尾

床头与床尾通常以相同的方式制作,从风格、配色、材质、工艺等方面做到一致和互补,且床头往往高于床尾。

一般情况下,床头与床尾的设计决定了床具的整体风格,特别是床头的设计。无论是古典派还是现代派,也无论是欧式、美式还是中式风格,除了造型的设计外,要注重材质对床具舒适性的影响,更要考虑到床具具体使用的安全性和环保性。

由于床头、床尾的设计往往决定了床具的整体风格,因此在造型风格、材质、色彩的选择上一定要结合使用空间去考虑。

2)床头柜

床具的相关配套设施中最为常见的就是床头柜。

床头柜一般有储存功能和摆放功能。床头柜无论设计的形式如何,都有一个共同特点:在床头附近形成台面区域。

3)床尾凳

床尾凳是一种置于床尾的坐具。它源于欧洲贵族的生活习惯,最早是用于起床后坐在上面换鞋更衣等,后来慢慢衍生出防止被子滑落和放置衣物等功能。在当代,床尾凳的一般使用功能除了装饰空间、增加空间层次外,还可以供客人在上面暂坐,因为直接坐在床上不礼貌。

当然,一般情况下床尾凳的风格设计也要与床具本身保持基本一致。

4)其他配套设施

卧室里的其他配套设施要在床具的统领下呈现整体和谐的效果,需要设计师具有大局观念,无论是风格流派,还是色彩、材质、装饰元素,其他配套设施都要以床具为核心,相互形成或对比或呼应的形式,例如储物柜、坐具等。

同时,以床具为核心的卧室家具设施,在设计时要考虑空间界面的装饰风格、色彩及材质。无论什么类型的家具,它们既是空间的主体,又必须服从空间的整体规划,相辅相成才能物尽其用,最大限度发挥它们的使用功效,如图9-6所示。

图9-6　卧室整体设计

9.1.3　单层床的基本功能要求与尺度

1. 床宽

研究表明，床的宽度直接影响人的睡眠，进而影响人的翻身活动。睡窄床比睡宽床的翻身次数少，人在睡眠时会对安全性产生自然的心理活动，所以床不能过窄。实践表明，单人床的标准宽度通常是仰卧时人肩宽的 2 ～ 2.5 倍，双人床的标准宽度一般为仰卧时人肩宽的3 ～ 4 倍。成年男子的肩宽平均为 420mm，一般通用的单人床宽度为 700 ～ 1300mm，双人床宽度有 1350mm、1500mm、1800mm、2000mm 等规格。

2. 床长

床的长度是指床头与床尾的内侧或床架内的距离。一张床足够长才可以使人的身体得到舒展，因此床的长度对睡眠来说非常重要，而床的长度应以较高的人体作为标准计算。以我国男性平均身高约 1 670mm 为例，床长的计算公式为：床长 =1.05 倍身高（1753.5mm）+头顶余量（约 100mm）+脚下余量（约 50mm）=1903.5mm。因此一般的床长有 1900mm、2000mm、2100mm 等规格。

3. 床高

床高是指床面与地面的距离。由于床同时具有坐和卧的功能，还要考虑到人的穿衣、穿鞋等动作，因此床的高度一般要与椅凳的高度一致。另外，多数床还兼具收纳功能，因此床高要考虑储物空间的高度的合理性。一般床高在 400 ～ 500mm。

9.1.4　双人床的创意设计

好的创意离不开人们对于生活的细致观察和深刻剖析。可以说，所有的家具中，床具的设计与人类生活的关联是最重要的，它不仅关系到生理上的健康，还包括精神、情感的体验，这些都是床具设计的考虑因素。在进行床具设计之前，一定要深入生活，充分了解使用者的生理需求和精神需求，并用最适当的方式进行创意设计。

设计师雷尼尔·格拉夫（Rainer Graff）的 Loftbox 101 折叠家具，是当代互动式家具的经典之作。当它完全折叠时，看上去就像是一个带滚轮的床垫；而另有需要的时候，简单地将各个部件展开就变成了一个非常有情调的茶座，而且滚轮的设计让整组家具无论是床具还是茶座在转换后的使用上更加便捷，更方便办公场所以及空间局促的小户型居住空间使用。

德国 Max Longin 公司设计了一款家用可浮动不锈钢概念床，其灵感来自悬索桥，支撑框架采用了木棒和弯曲的钢管，四根钢丝绳把中间的床板吊起，这种全金属的架构完全不用担心床的结实程度。仿生学的特别设计完全可以担当起整体居室设计的主体，使房间看起来既迷人又有趣。

9.2 双层床设计

双层床是指上下两层的床。双层床在有限的房间里可以节省相当大的空间，一般为宿舍、火车、轮船以及部分工作空间所使用。双层床不但在改善空间面积上有很大的帮助，而且在整体居室设计上也增加了空间层次感，使空间变得更丰富有趣。在大多数学校里，学生宿舍统一采用双层床。目前家庭中由于人口增加，房间内设置双层床也变得必要。因此，恰当的双层床设计能够为生活带来便捷，增添许多乐趣，但不规范、不适当的双层床设计，会成为一种负担，影响使用者的身心健康。

9.2.1 双层床的规格

在设计双层床高度时，要考虑下铺使用者就寝和起床时有足够的空间，过高或者过低都会造成上下铺两位使用者的不便。

9.2.2 双层床的样式分析

1. 儿童型

儿童型双层床也称子母床，是现代儿童卧室空间设计中划分空间层次、决定整体设计风格的最重要的一部分。儿童型双层床的重要意义不仅在于节约空间，还有增添空间趣味的功能，如图 9-7 所示。在儿童型双层床设计时要充分考虑到使用者的年龄，一般年龄过小的孩子不适合使用双层床，同时更要从结构、材料和规格上考虑儿童使用的安全问题。

2. 学生型

大多数学生在学校使用的双层床尺寸是成人标准，其各部分的规格设计都要考虑到人体工程学的原理。同时，学生型双层床的设计要考虑空间大小、整体风格、造价等因素。

双层床的另一种衍化的形式，是上层为床位，下层为书桌、柜子等，高效利用了纵向空间，也为使用者提供了方便，如图 9-8 所示。

图9-7　儿童双层床设计

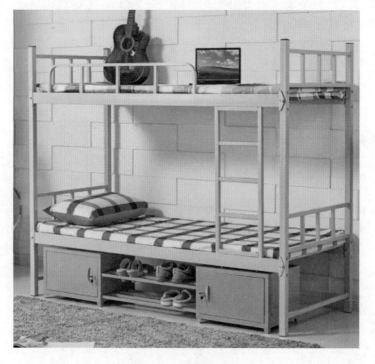

图9-8　学生双层床设计

3. 隐形型

隐形型双层床的设计目的主要是：

（1）节省空间。应一些超小户型或者受局限的空间需要，可以将双层床的整体或一部分做隐形处理，比如使用智能控制或者手动等方式，将床板进行折叠，使用时再展开，以达到节省空间的效果。

（2）多重功能。有的双层床设计为隐形型，是为达到多重功能的效果。例如某层床板与柜体、台面等相结合，方使实际使用时使用者人数的变动，同时满足不使用时的其他功能需求。

（3）增加趣味。多为儿童型双层床设计，出于儿童活泼好动、好奇心强等因素的考虑，将双层床做成隐形的效果，满足了使用者的猎奇心理，也丰富了日常生活，如图9-9所示。

图9-9　隐形双层床设计

9.2.3　双层床的创意设计

西班牙马德里的一个家具品牌的可折叠式双层床设计，主要针对的是年轻人，无论是自身规格还是在材料与色彩的选用上，都适应了服务对象的年龄特征需求。该设计的使用场所为面积较小以及特定的学习或工作空间，因此在折叠收纳的过程中尽量保持空间的完整性和美观性，收纳后整洁美观，不破坏空间的主体陈设，让使用者在有限的空间内消除混乱的视觉感，如图9-10所示。

图9-10　隐形双层床

案例与课后习题

【案例】

设计师弗朗西斯卡·帕多亚诺（Francesca Paduano）为意大利家具品牌 Bolzan Letti 设计了一款独特的睡床。这款床的造型简洁，流畅的线条平整简单地铺成了双人床的形式，如图9-11所示。

从细节上可以看出，该设计突出体现了人性化，无论是边角处理，还是材质的选择，带给使用者的感官印象都是舒适、安全、便捷的，包括配套设施的设计，无不体现出设计师注重体验、以人为本的设计意识。

图9-11　Bolzan Letti双人床

【课后习题】

1. 结合人体工程学原理及材料学，选择两款市场中具有设计感的双人床进行对比分析，以表格和 PPT 的形式进行总结汇报。

2. 搜集国内外优秀的床具设计作品，从造型和风格的角度进行分析。

3. 在已有的空间内进行风格化的双人床设计：

(1) 制作出双人床的三视图、节点图、效果图等；

(2) 说明双人床的使用材料；

(3) 列出设计对象、风格主题、价格区间等要素。

4. 收集经典子母床作品并做详细分析。

5. 考察居住空间中的双层床与环境结合的案例。

6. 设计一款双层床：

(1) 要求有鲜明的主题来源和明确的定位，充分考虑人体工程学的要求，满足舒适性、材料、颜色、美感等要求。

(2) A3 图纸绘制，图面整洁规范，符合国家制图规范，标注材料、尺寸。绘制三视图、效果图，说明家具陈设背景及环境表现设计意图，画面完整，表现手法不限。

(3) 设计说明 100 ~ 200 字。

第10章

收纳类家具设计

　　收纳类家具是用来储存被服、书刊、食品、器皿、用具等物品的家具，这类家具一方面要处理物与物的关系，另一方面还要处理人与物的关系，即满足人使用时的便利性。因此，收纳类家具设计必须研究人体活动尺度，研究人与物两方面的关系：一是收纳空间划分要合理，方便拿取，提高活动效率；二是收纳方式合理，存储数量充分，满足存放条件。

10.1　柜类家具设计

　　在中国，柜子的使用大约始于夏商周时期，那时候称为"椟"。到了明清时期，柜子成为室内必备的家具，且形制已定型。明清柜子按形制可分为方角柜、圆角柜、亮格柜，形制不同，其构成部件也不同。现代收纳类家具范围较广，形态也各有不同，在功能上分为橱柜和屏架两大类；在造型上分为封闭式、开放式、综合式；在类型上分为移动式和固定式。另外，根据空间环境不同，可以分为居住类收纳家具（卧室、客厅、厨房等空间中的收纳家具）、办公类收纳家具、展示类空间家具（博物馆、展览馆、商业空间中的家具等）。按照其构成方式不同，可以分为板式、框架类、组合类、模块化收纳家具。柜类家具有衣柜、书柜、电视柜、五斗柜、床头柜、酒柜、厨柜等。

10.1.1　柜类家具的分类及样式

　　柜类家具的样式一方面因为其承载收纳、储存的功能，设计发挥受到了一定的限制，另一方面由于柜类家具的构成材料以木材和金属为主，材料的特性使得柜子的形态样式主要为方形或长方形，如图10-1所示。柜类家具的样式设计，主要通过材质、空间分隔、色彩、点线面元素富有节奏的排列，来达到新颖的视觉效果。

图10-1　长方体衣柜

10.1.2　柜类家具的创新样式分析

设计柜类的家具，首要的还是应该注重功能，研究所收纳物品的特点、存放规律，这样才能更有利于使用，才能让生活、工作更加便利。要观察生活，反复思考，捕捉新的灵感，创新家具，改变人们的生活。这一点也是国内家具设计师朱小杰的观点。也就是说，创新设计要在保证功能的基础上运用发散性思维，而且要尝试打破固有概念，全新创造。

1. 功能为主的柜类家具的创新样式分析

设计师朱小杰认为，脱离了功能，脱离了实用，如设计了大衣柜不能挂衣服，这都不能称为设计。发现生活潜在的需要是他的设计心得之一。如图 10-2 所示，这款衣柜体现着设计师的智慧，首先，传统的衣柜间隔过大，时间久了板子会变形，这款书柜的间隔很小；其次，将空间充分分隔开有助于摆放各种物品；最后设计的出发点充分考虑了使用的细节、人与柜子的关系，重新划分了衣柜的构成以及分配了封闭与开放的区域，如图 10-2 所示。创新还体现在柜子主体样式不变的情况下，通过材质拼贴形成独特视觉感的柜门，创新柜子的样式。

图10-2　封闭与开放并存区域的衣柜

2. 趣味性柜类家具的创新样式分析

随着经济的发展，人们的生活水平不断提高，生活方式不断变化。柜类家具不仅满足了收纳的功能需求，还增加了精神性、文化性、趣味性、互动性的设计。比如关注绿色环保；以人为本，更关注人的需要；注重文化性；增加趣味性、互动性与体验性，给生活带来乐趣。因此柜类家具除了功能方面的不断完善外，还发展出新的样式与功能，如图 10-3 所示。

图10-3　储物柜趣味化设计

3. 功能整合柜类家具的创新样式分析

对于小户型空间来说，一些家具并不合适。在未来生活中人们对家具的需求趋向多元化、功能融合。功能整合柜类家具应运而生，如书架与倚靠功能的结合，书架与坐的功能的结合，将不同类别的收纳类家具进行整合等。

德国设计师蒂勒·科奈克（Till Knneker）设计了多功能家具"居住立方体"（Living Cube），如图 10-4 所示，仅仅占用 182cm×188cm 的面积，依据组合式系统家具概念进行设计，一个方块就可以容纳两个完整尺寸的床铺，并且同时具有收纳、挂衣甚至电视架的功能，形成书柜、衣柜、鞋柜、工作桌、收纳间等多功能为一体的组合样式。

图10-4　多功能家具

10.1.3 柜类家具的基本功能要求与尺度

1. 柜类家具与存放物的关系

柜类家具作为收纳类的主要家具，其最直接、最根本的功能是实现物品科学、合理的收纳。一方面柜类家具的尺寸应与所存放物品的类别和存放方式相符，另一方面还要考虑柜类家具与人体尺度的关系，掌握科学的存取尺寸，方便人拿取物品。

家庭中的生活用品是多样的，它们尺寸不一、形态各异，要做到有条不紊、分门别类地存放，促成生活安排的条理化，从而达到优化室内环境的目的。

2. 柜类家具与人体尺度的关系

我国的国家标准规定柜子限高为1850mm。在1 850mm以下的范围内，根据人体动作行为和使用的舒适性及便捷性，可划分为两个区域：第一个区域以人肩为轴，以上肢半径为活动范围，高度在650～1850mm，是存取物品最方便、使用频率最高的区域，也是人的视线最易看到的区域。

第二个区域是从地面至人站立时手臂下垂指尖的垂直距离，即650mm以下的区域，该区域存储不便，需要蹲下操作，用来存放较重而不常用的物品。

若需扩大储存空间，节约占地面积，则可设置第三个区域。第三个区域是橱柜的上方1850mm以上的区域，用来存放较轻的过季物品。

在上述储存区域内根据人体动作范围及储存物品的种类，可以设置搁板、抽屉、挂衣杆等。在设置搁板时，搁板的深度和间距除了考虑物品存放方式以及物体的尺寸外，还需要考虑人的视线，搁板间距越大，人的视域越好，但空间浪费较多，所以设计时要统筹考虑。柜类家具的深度和宽度，是由存放物品的种类、数量、存放方式以及室内空间布局等因素来确定的。在一定程度上还取决于板材尺寸的合理裁切及家具设计系列的模式化。

3. 柜类家具的主要尺寸

1）衣柜尺寸

国家标准规定，挂衣杆上沿至柜顶板的距离为40～60mm，大了浪费空间，小了放不进衣架。挂衣杆下沿至柜底板的距离，挂长大衣不应小于1400mm，挂短外衣不应小于900mm。衣柜的深度一般为600mm，不应小于530mm。

2）抽屉柜尺寸

抽屉深度不小于400mm，底层屉面下沿离地面高度不小于50mm，顶层抽屉上沿离地面高度不大于1250mm。

3）床头柜尺寸

床头柜尺寸如表10-1所示。

表10-1 床头柜尺寸

单位：mm

柜体外形宽	柜体外形深	柜体外形高
400～600	300～450	500～700

注：当有特殊要求或合同要求时，各类尺寸由供需方在合同中明示，不受此限。

4）书柜尺寸

书柜尺寸如表 10-2 所示。

表10-2　书柜尺寸

单位：mm

柜体外形宽	柜体外形深	柜体外形高	层间净高
600～900	300～400	1200～2200	≥250

注：当有特殊要求或合同要求时，各类尺寸由供需方在合同中明示，不受此限。

5）文件柜尺寸

文件柜尺寸见表 10-3。

表10-3　文件柜尺寸

单位：mm

柜体外形宽	柜体外形深	柜体外形高	层间净高
450～1050	300～450	(1) 370～400 (2) 700～1200 (3) 1800～2200	≥330

注：当有特殊要求或合同要求时，各类尺寸由供需方在合同中明示，不受此限。

10.1.4　抽屉柜的创意设计

抽屉柜具有很实用的功能，其外观样式以方形、长方形为主。为满足人们对生活更多个性化的需求，需对抽屉柜进行创意设计，改变千篇一律的抽屉柜造型。图 10-5 中的抽屉柜被称为"木方堆抽屉柜"或者"隐形的抽屉柜"，只有打开时才能显示出是抽屉，这种趣味性、隐藏的设计一改常态，对抽屉进行了创新思考与设计。丹麦设计师雅各布·詹金森（Jakob Jenkinson）擅长利用立体空间进行拆解，他设计的抽屉柜可以多方向打开，给人完全不同的使用体验，如图 10-6 所示。

图10-5　木方堆抽屉柜

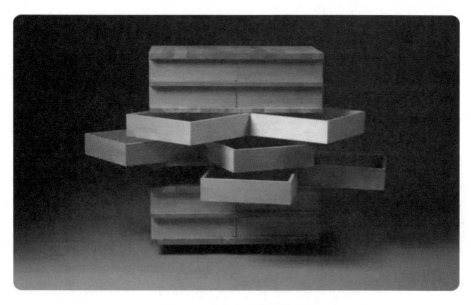

图10-6　詹金森设计的抽屉柜

10.2　架类家具设计

架类家具是室内空间中主要的收纳类家具之一，构成材料以木、金属等材料为主。架类家具主要有开放和封闭与开放结合两种形式。由于生活方式的改变、个人喜好的多样化，架类家具的设计越来越具有创新性，架类家具除了具备储存功能，还具有欣赏性、趣味性与互动性的特点，架类家具的尺寸根据设计的不同而不同。

10.2.1　屏架类家具的样式分析

屏架是指屏风与架子类家具。屏风是用来分隔空间、挡风和遮蔽视线的家具，常见的式样有博古架、书架、CD架、办公或商业展架等。其样式比柜类家具更为丰富灵活。

1. 屏风样式分析

屏风在古代是建筑物内部挡风用的一种家具。屏风按形制可分为折屏、座屏、插屏、挂屏等；按材料可分为漆艺屏风、木雕屏风、石材屏风、绢素屏风、云母屏风、玻璃屏风、琉璃屏风、竹藤屏风、金属屏风、嵌珐琅屏风、嵌磁片屏风、不锈钢屏风等。随着现代新材料、新工艺的不断出现，屏风已经从传统的手工艺制作发展为标准化部件组装。用金属、玻璃、塑料、人造板材制造的现代屏风，体现出独特的视觉效果。

2. 博古架样式分析

据记载，博古架出现在北宋时期，当时只在宫廷、官邸摆放，而后这种集装饰储物功能为一体的架子逐渐在上层社会流行开来。到了明代，博古架普遍进入达官贵人府邸之中，其摆放的位置也从大厅、会客厅逐步进入内厅和书房。时至清代，博古架达到了流行的顶点，在民间村户中也普遍使用。

博古架是一种在室内陈列古玩珍宝的木制柜架，其中有许多不同样式的多层小格，格内陈列各种古玩、器物，也被称为"多宝阁""百宝架"等。博古架通常分为上下两段，上段为博古架，下段为橱柜，里面可储存书籍、器物。相隔开的两个房间需要连通时，还可以在博古架的中部或一侧开门，供人通行。博古架可以根据器物的大小来设计，应错落有致，每层形状不规则，前后均敞开，无板壁封挡，便于从各个位置观赏架上放置的器物。按照中国古典家具功能分类，把它归于木柜类有之，把它归于屏架类有之，把它归于架子类或杂项类亦有之。尽管分类不同，但其架具的功能并没有任何改变。中式传统的博古架是用实木制作的，内部以木条为主构成以立方为单元的组合架，整体造型有方形也有圆形等，均有美好的寓意：瓶形博古架寓意平安吉祥；圆形博古架有"圆满""美好""吉祥"的寓意，如图10-7所示；葫芦形博古架造型曲线流畅，有"福禄""吉祥"的寓意，象征招财。传统博古架样式设计讲究，手工质朴，原木材质好，因为要放置沉重的古玩、器物，所以承重力也很好。

图10-7　圆形博古架

随着家具的发展，现代的博古架有了更多的样式，成为一种潮流装饰品。现代的博古架以板材为主构成以箱框为单元的组合架。但它不再是珍宝古玩的展示架，而是有了更实际的用途。现代博古架可用实木、人造板、金属、玻璃、皮革、塑料、树脂等材料制作，样式各异，其外观尺寸可随着房屋的空间走向布置设计。

现代博古架经常利用块面的韵律感设计，简单而不繁复，不主张追求富丽与豪华，更重视个性与创造性。现代博古架喜欢采用循环式设计，而传统博古架一个架子一个样，没有类似的。现代博古架使用的材料也更加广泛，如利用金属拼合构造而形成的博古架，线条简约流畅，装饰元素少，个性化、节奏感强，这种采用几何线条设计出的装饰性博古架，结构明快活泼，以框架式为特征，表面层次感强，如图10-8所示。

图10-8　现代博古架

3. 书架样式分析

　　相比书柜，书架的设计更加灵活，造型也更加多样，可以更好地表现个性与特色。摆放方式相比书柜、书橱也不同，可以选择悬挂、倚墙、嵌入、独立等不同的方式。书架具备收纳功能的同时，兼具分隔空间、美化空间的作用。书架的创意性设计也更加明显。创意书架强调功能的组合，具备多种功能，集观赏性和实用性为一体。创意书架融入了更多的现代化元素，采取有趣的造型，或表达某些经典故事，以幽默、风趣的造型深得年轻人的喜爱，如图10-9所示。材料的综合使用也使得书架样式具有不同的视觉效果，如纯木质、钢木结合等。书架的外形多样、形式多样。书架的设计应注意虚实结合，使大块的立面显得生动而不滞重。虚体中的空格可以在内存物的衬托下产生丰富的艺术效果，形成一定的韵律，从而使空间活跃起来。

图10-9 书架新样式

1）形式美的书架样式分析

打破常规方形柜子的形态，利用错位、取消水平与垂直等方法，重新画线，呈现出形式感、构成感强的样式。

2）趣味化的书架样式分析

趣味化设计是在后现代主义的背景下发展起来的一种设计趋势。

趣味化的设计让人有轻松感、亲切感。具有娱乐性、趣味化的书架使空间氛围活跃，独具个性。设计师通常运用丰富艳丽的色彩、造型打破常规橱柜形态，多采用仿生、借用、夸张、置换等手法，新颖别致，带来不一样的体验感。罗恩·阿莱德（Ron Arad）设计的书架是以美国地图的造型呈现的，视觉形态新颖，具有很强的空间雕塑感、艺术感。以七巧板为主题设计的书架可以有不同的组合，可以随心所欲地创造，如图10-10所示。由威尼斯设计师科斯塔斯·锡塔利奥蒂斯（Kostas Syrtariotis）设计的树形书架，选用乌木和梣木板作为制作材料，表面涂有一层抛光漆。树形书架可以在10min之内组装完成，趣味化的设计可以活跃空间，营造新颖的感觉。

3）"封闭与开放"穿插式书架样式分析

采用封闭与开放相结合的方式设计书架，可以形成非常多的设计样式，具有一种构成的形式美。封闭式的设计可以保证内部物品的整齐和干净，开放式的书架则方便人们展示和使用。

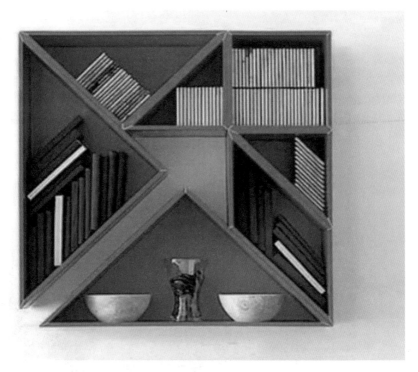

图10-10　七巧板书架

4）模块化书架样式分析

模块化设计是通过对一个或者一组单元结构再组合，形成不同的整体形态，使其具有更多的可能性。家具模块化设计的主要构件为标准化、通用化的零部件，这些零部件都能快速组合。其优点：一是让用户可以通过不同模块的搭配得到自己需要的产品，满足个性化的需求；二是方便用户在使用过程中对产品进行局部维护或升级，达到延长产品寿命、减少材料消耗的目的。

模块化设计是标准化设计的趋势。宜家的家具很多都是可拆分的组装产品，产品分成不同模块，有些模块在不同家具间也可通用，这样不仅降低了设计成本、提高了设计效率，而且也能降低产品的总成本，包括运输成本。BUILD 是德国团队设计的模块化搁架，既可以摆在地面上，又可以安装在墙上，每个构建单元的形状完全相同，再加上有简单的连接元件，因此用它组建的书架可以随时重组或扩展，可以伴随人们的成长。

4. 展架样式分析

在居住空间中展架以展示业主个人收藏品、陈设品，显示个人爱好及品位为主要用途；在办公空间、商业空间以及展览会等空间中，展架类家具能有效发挥出其展示、宣传等作用。展架的设计要秉承创新原则，要正确处理内容与形式的关系。展架的样式更具艺术性，形态更夸张，功能除了收纳外，还应与存放的物品及企业相关精神、理念保持一致，与物品一起形成较好的展示效果。

在斯德哥尔摩服装概念店设计中，设计师选择了螺旋状的双重楼梯作为展架的基础形式，如图 10-11 所示。为了满足商业空间展示的需求，在基础形式上做了扭曲变形，并将基础形式折叠和旋转，力求角度的改变会在同一个展柜上看到不同的产品。盘旋上升的形式给人不断变化的空间。

图10-11　楼梯型展架

设计师为立体货架提供了数以百计的黑色钢板，配合不同的放置方法，货架千变万化，既实用又美观。

由于所在的空间功能不同，展架用途也不同，因此展架的样式更加具有创意性。例如，书店中堆叠的盒子围成弧形作为展架；伦敦在线男装品牌线下体验店将服装像画一样展示出来；墨西哥一家设计公司 Zeiler 和 Moye 设计的 Troquer 品牌零售商店，将原建筑空间的底层作为展厅，作为展示和储存空间使用，展架由黄色垂直和水平的金属框架制成，它们可以用作轨道，并且金属板可移动，亮黄色的色彩、纵横交错的线条表现出了不同以往的展架的创新样式。

10.2.2　架类家具的基本功能要求与尺度

架类家具具有收纳、美化空间的功能，还具有分隔空间的作用。其尺寸除了要根据陈列、展示物品的不同，还需要按照室内空间布局进行设计。

传统博古架花格优美、组合得体，用以分隔室内空间，陈列、展示物品。博古架不宜太高，以 3m 以下为宜，一般深度为 300 ～ 350mm。内部分格要根据陈列品的特性设计出不同尺寸。

书架的主要用途是放书，其高度通常依据视点和作业面之间的距离来定。书架通常倚墙而置，也可用来分隔空间。书架尺寸整体上遵循《柜类家具规范》中的尺寸要求。另外由于其摆放位置不同，外观形态也要求不同，因此书架总尺寸可根据空间布局和外观造型具体设计。书架的深度在 280 ～ 350mm，隔板高度尺寸可根据书籍的规格来设计。例如以 16 开书籍为标准设计的书柜隔板，层板高度在 280 ～ 300mm；以 32 开书籍为标准设计的书柜隔板，层板高度则在 240 ～ 260mm；一些不常用的比较大规格的书籍的尺寸通常在 300 ～ 400mm，可设置层板高度在 320 ～ 420mm。

10.2.3 书架的创意设计

随着社会经济、技术的发展，受一些新的思潮的影响与互联网带来的个性释放，人们对创意家具的需求量大增，更注重多元化设计，追求功能变化，追求趣味化元素，注重个人文化品位的表达，注重环保生活方式。书架的放置也更加灵活，很多人将客厅直接设计成书房式，创意书架设计与读书行为、读书文化成为一种互动关系。

设计越来越充分考虑心理学、人体工程学、设计营销学、环境学等方面的因素，利用科技成果带来的新材料和生产工艺等技术，将现代美学思潮的设计方法应用于创意家具设计前沿。

无论如何，书架的创意都必须达到实用价值和审美价值的统一，开发新的功能，创造新的视觉美感，并达到两者统一。

创新的途径有多种，利用几何形造型，根据需要随意组合成不同的书架，通过加减法创造完成，打开了设计规则的束缚，发散了思维，拓展了书架功能和样式；书架的造型由单一的直线形到圆形、弧线的应用；书架与座椅结合，加入阅读行为，增加互动性；钢材的应用有了几分工业风，圆形的单元格柔化了钢材的坚硬与冷酷感；打破水平线与垂直线的视觉效果。

意大利设计师马尼卡·维迦索（Marica Vizzuso）设计的 B-OK 书架系统，如图 10-12、图 10-13 所示，除了存放量不如传统书架外，它可改变书的摆放方式，给用户另一种体验。或许这款书架本身与书构成了一件雕塑、一件艺术品。儿童书架有运用"游戏""积木""仿生"等不同的创意创作的作品。

图10-12 B-OK系列书架（1）

图10-13　B-OK系列书架（2）

案例与课后习题

【案例】

　　"蠕虫书架"（bookworm）是英国著名设计师罗恩·阿莱德（Ron Arad）借助新材料与新技术设计的新形态书架，如图10-14所示。当柔性钢材进入市场，所有设计师对这种新材料无从下手时，罗恩·阿莱德有了使用它做书架的想法。书架最初使用的是暗色的钢材，后来被米兰的Kartell公司引进，改用彩色的塑料制作，价格是钢材的1/50。

　　该设计打破了书架的直线形态，变成一条自由变换的曲线，可以利用书档存放书籍、CD盘等。

　　这款书架是能够随意打造曲线的半成品，使得书架一下子产生了巨大的变化。使用者也是半个设计师，能够享受安装过程中的乐趣与互动性。作品充满了自由理念和无尽的想象，将自由理念与科技结合起来，从艺术品向商业化、产业化发展。作品具有实用性，并且是艺术品。

　　仓误史郎（Shiro Kuramata）1970年设计了一款独特的抽屉柜，如图10-15所示，一改直线式的矩形柜样式，采用曲线造型，经刷漆使槐木呈乌木效果，其S形曲线优美、富有动感，抽屉拉手是重复的点状元素，形成节奏感。这款设计打破了抽屉柜惯有的形态，给人耳目一新的感觉。这是设计师在对柜子这种传统家具有了全面了解的基础上，进行合理创新的结果。

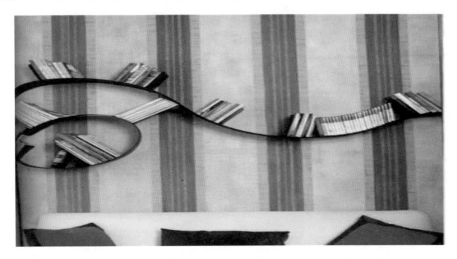

图10-14　蠕虫书架

图10-15　仓俣史郎设计的S形抽屉柜

【课后习题】

1. 收集具有创新、美感的收纳柜并分析其创意、材质、色彩等。
2. 考察宜家家居，测量、记录柜类家具尺寸，设计一款收纳类家具。

要求：尺寸设计合理，符合"创新性、安全性、功能性"的基本原则。

A3 图纸绘制，图面整洁规范，符合国家制图规范，尺寸标注规范，标注材料、工艺。绘制三视图、效果图，说明家具陈设背景及环境表现设计意图，画面完整，表现手法不限。

设计说明 100 ~ 200 字。

3. 收集创新书架作品，分析其创新之处。

4. 设计一款书架，设计定位是年轻一族，使用环境是家居室内。

设计意图是解决现有书架的使用不便、形式单一等问题，增加阅读乐趣。

确定设计主题，如以"蜘蛛网"为主题进行书架设计。

A 3 图纸绘制草图及三视图，运用 3DMax 制作效果图，可附加陈设背景及环境。

设计说明 100 ~ 200 字。

参 考 文 献

[1] 舒伟,左铁峰,孙福良.家具设计[M].北京:海洋出版社,2014.

[2] 李永斌,陈婷,梁广锋.项目教学在民办高校产品设计专业教学中的应用[J].工业设计,2017(08):51-52.

[3] 刘宇,周艳芳.基于微项目教学法的"家具与陈设设计"课程智慧教学模式构建研究[J].林区教学,2021(05):64-67.

[4] 陶涛,吴义强,黄艳丽,等.面向产教协同的应用型工科研究生自主融入式实践培养体系构建与研究——以中南林业科技大学林业工程学科家具设计与工程方向为例[J].家具与室内装饰,2021(10):134-138.

[5] 仝月荣,肖雄子彦,张执南,等.产教深度融合背景下项目式教学模式探析[J].实验室研究与探索,2021,40(07):185-189.

[6] 连晓庆,吴全全,闫智勇.我国应用型高校产教融合的探索历程与路径优化[J].教育与职业,2020(11):5-11.

[7] 赵怡.家具设计工作室课题制教学模式改革与探索[J].明日风尚,2017(17):237.

[8] 胡铭.工作室制教学模式下的家具设计教学探究——评《家具设计》[J].中国教育学刊,2019(12):139.

[9] 陈于书.家具设计工作室制项目教学模式的探索[J].家具与室内装饰,2011(08):42-43.

[10] 徐晶,高敏."项目导入式"教学在家具与陈设课程中的应用研究[J].课程教育研究,2019(18):39-40.